Mathematik ist wirklich überall

von
Dr. Dr. h.c. Norbert Herrmann

Oldenbourg Verlag München

Dr. Dr. h.c. Norbert Herrmann lehrt angewandte Mathematik an der Universität Hannover und versteht es, amüsante und kurzweilige Antworten zu geben. Einem breiteren Publikum ist er durch Auftritte in Wissenschaftssendungen und TV-Shows bekannt, wo er auf seine mitreißende Art Alltagsvorgänge von Einparken bis Lotto mathematisch erklärt.

Bibliografische Information der Deutschen Nationalbibliothek

Die Deutsche Nationalbibliothek verzeichnet diese Publikation in der Deutschen Nationalbibliografie; detaillierte bibliografische Daten sind im Internet über <http://dnb.d-nb.de> abrufbar.

© 2009 Oldenbourg Wissenschaftsverlag GmbH
Rosenheimer Straße 145, D-81671 München
Telefon: (089) 45051-0
oldenbourg.de

Lektorat: Kathrin Mönch
Herstellung: Anna Grosser
Cover-Illustration: Anne Löper, Leipzig
Gedruckt auf säure- und chlorfreiem Papier
Gesamtherstellung: Grafik + Druck, München

ISBN 978-3-486-59204-7

Vorwort

Die Mathematik als Fachgebiet ist so ernst,
dass man keine Gelegenheit versäumen sollte,
sie etwas unterhaltsamer zu gestalten.

Blaise Pascal

Eine Moderatorin im Fernsehen stellte mich ihrem Publikum mit der folgenden Geschichte vor:

Neulich war ich in einem Kaufhaus und habe mir zwei Artikel zu je 2.95 € gekauft. Als ich an die Kasse kam, war diese defekt und der Verkäufer musste selbst 2.95 € + 2.95 € ausrechnen. Ich schaute ihm dabei über die Schulter und sagte: Das sind 5.90 €! Da blickte der Verkäufer mich an und fragte entgeistert: Sind Sie Mathematikerin?

Wenn ich diese Geschichte erzähle, ernte ich meistens großes Kopfnicken, Mathematikerinnen und Mathematiker aber wollen es kaum glauben und raufen sich die Haare. Als ob wir in der Mathematik ständig Zahlen addieren!

Selten ist die Diskrepanz zwischen Glauben und Wissen größer als bei
der Frage: Was ist eigentlich Mathematik? Womit beschäftigt sich ein
Mathematiker den lieben langen Tag? Manchmal kommt die wohl eher
lästerlich gemeinte Zusatzbehauptung: Was forschen diese Mathematiker
den ganzen Tag, die Zahlen kennen wir doch schon alle!

Also, dass Mathematiker mit Zahlen umgehen, ist nicht mal mehr als
Vorurteil bei wenigen zu sehen, es scheint unumstößliches Wissen in der
Komplementärmenge der Mathematikerinnen und Mathematiker.

Ja doch, Zahlen haben wir schon auch. Unsere Bücher haben schließlich Seitenzahlen. Wir lieben es, unsere Definitionen und Sätze schön ordentlich zu nummerieren. Aber die Bruchrechnung gehört in die sechste
Klasse, und Addieren und Subtrahieren lernt man schon in der Grund-
schule. Mathematiker rechnen nicht. Manche Mathematiker kokettieren
sogar damit, dass sie nicht rechnen können oder es zumindest nicht gerne
tun.

Was also ist eigentlich Mathematik???

Im Kapitel „Mathematisch richtig denken", ab S.139 wollen wir Ihnen
einen kleinen Einblick in mathematisches Vorgehen geben. Ich würde
mich riesig freuen, wenn Sie dieses Kapitel nicht überschlagen, sondern
ein bisschen darin und daran arbeiten.

Sie werden es mir vielleicht nicht glauben, aber Sie sind in fast allen
Lebensbereichen mit ihr konfrontiert.

(a) Wenn Sie beim Arzt Ihr CT erstellen lassen, so sollten Sie dem
    Mathematiker Johann Radon danken. Er hat mit der heute nach
    ihm benannten Radon-Transformation dies ermöglicht.

(b) Wenn Sie beim nächsten Mal Ihren Weg mit dem GPS suchen,
    schicken Sie doch einen kleinen Gruß auch an Carl Friedrich Gauß,

den Prinzeps Mathematicorum. Er hat mit seiner nicht-euklidischen Geometrie, die zeitgleich auch von János Bolyai und Nicolai I. Lobatschewsky entwickelt wurde, den Weg für Albert Einstein zur allgemeinen Relativitätstheorie geebnet. Die steckt tatsächlich im GPS.

(c) Die Computer wären ohne das Dualsystem von Gottfried Wilhelm Leibniz nicht vorstellbar.

(d) In den Klima-Modellen, mit denen die Wissenschaftler den Klimawandel ziemlich gut prognostizieren können, stecken mit den Finiten Elementen und den Randelementen zwei der modernen großen Forschungsgebiete der Angewandten Mathematik.

Erlauben Sie mir einen kleinen Nachtrag zum Buch „Mathematik ist überall", in dem wir unsere Einparkformel vorgestellt haben. Sehr häufig ist an mich die Frage herangetragen worden:

Warum soll man rückwärts einparken? Vorwärts kann ich viel besser!

Nun, vorwärts fahren und rückwärts fahren sind reversible Vorgänge. Wenn man das Steuerrad festhält, ein Stück vorwärts fährt und dann wieder das gleiche Stück rückwärts, so steht man wieder am Startpunkt.

Jetzt denken wir an unser Parkproblem und versuchen, den Einparkvorgang rückwärts zu durchlaufen. Wir parken also aus der Lücke aus. Können wir rückwärts hinausfahren? Sie müssten dazu das Steuerrad voll einschlagen und rückwärts fahren. Aber vorsichtig, sie fahren garantiert an den Bordstein oder die Mauer.

Sie können aber leicht und ohne Unfall vorwärts aus der Parklücke rausfahren. Also folgern wir:

Vorwärts raus, also rückwärts rein.

Zum Schluss möchte ich ganz herzlichen Dank aussprechen. Zunächst und als Wichtigstes meiner Frau, die sich so oft als gestandene Mathematik- und Physiklehrerin meine Probleme angehört und mir mit wesentlichen Tipps die Arbeit erleichtert hat. Ihre Geduld war mir eine große Hilfe.

Ein weiterer Dank sei auch an den Oldenbourg Wissenschaftsverlag und hier besonders an meine Lektorin Frau Dr. Margit Roth gerichtet. Nie haben sie mich bedrängt, doch endlich fertig zu werden. Auch das ist echte Geduld. Ein großer Dank an Frau Kathrin Mönch, die das ganze Manuskript gelesen und letzte Fehler beseitigt hat.

Dann danke ich vielen meiner Leserinnen und Lesern, die mir per E-Mail wertvolle Tipps zukommen ließen oder mich auch auf Schreibfehler hingewiesen haben. So etwas hilft sehr.

Falls Sie ebenfalls Anregungen oder Fragen an mich haben, so nutzen Sie bitte dieses Medium. Meine Adresse finden Sie auf meiner Homepage `www.ifam.uni-hannover.de/~herrmann`.

Norbert Herrmann

Inhaltsverzeichnis

Kapitel 1

Prozente, Prozente!

1.1 Schatz, trink nicht so viel, Du musst noch Auto fahren!

Meine liebe Frau, die sich wirklich sehr oft anderweitig beschäftigen muss, wenn ich neue Geschichten aushecke, ist Lehrerin an einem Gymnasium. Als sie neulich in einer 6. Klasse die ausgefallene Lehrkraft ersetzen musste, kam sie auf die Idee, mit den Kindern als Anwendung der Prozentrechnung mal den Alkoholgehalt im Blut eines Autofahrers auszurechnen, der ein Glas Wein getrunken hat.

Das ist ein ziemlich einfaches Rechenspielchen. Wir wissen irgendwie aus dem Biologieunterricht, dass ein erwachsener Mensch so im Schnitt sechs Liter Blut besitzt. Die sechs Liter machen sich für unsere Rechnung ausgezeichnet.

Ein mittelprächtiger Rotwein hat 12 % Alkoholgehalt. In einem Liter Rotwein sind daher 120 cm^3 Alkohol.

Trinkt man ein Glas mit 0.2 Liter, also 1/5 Liter Inhalt, so trinkt man 120/5 Liter, das sind 24 cm^3 Alkohol.

Jetzt verteilen wir das im Blut und erhalten, wenn wir alles in cm^3 rechnen,

$$24 : 6000 = 0.004,$$

das sind also 4 Teile auf 1000 Teile, oder in Klartext 4 Promille.

Holla, das kann doch nicht sein. Da haben wir uns um eine Null vertan. 4 Promille sind mehr als volltrunken, und das nach einem Glas Rotwein.

Meine Frau stand wohl ziemlich verdattert an der Tafel und suchte nach dem Rechenfehler. Ihre Erfahrung war da ganz anders. Aber der Fehler wollte sich nicht zeigen. Die Schüler fanden das auch ziemlich spannend. Einige hatten Ärzte als Eltern und versprachen, mit Mama und Papa das durchzudenken.

Entgeistert und völlig verunsichert kam sie nach Hause und stellte mir diese Aufgabe mit der klaren Zusatzaufgabe, ich sollte gefälligst ihren Rechenfehler finden.

Nun, wir kennen auch einige Ärzte und fingen an zu telefonieren. Ziemlich deutlich kam die klare Antwort, dass der Alkohol fast ausschließlich ins Blut geht. Sonst könnte man sich ja die doch mit einer Verletzung einhergehende Blutuntersuchung sparen und statt dessen den Urin testen. Da waren aber die Aussagen ziemlich klar, im Urin ist kaum Alkohol drin.

Auch die Kinder brachten am nächsten Tag diese Aussage ihrer kundigen Eltern: Kaum Alkohol im Urin. Ein Mädchen berichtete von einem Familienstreit am Mittagstisch. Die Mutter hatte sofort mit dem Vater gezankt und meine Frau als Kronzeugin zitiert: Siehst Du, Frau Herrmann sagt auch, Du sollst nicht so viel trinken.

Also musste meine Frau sich wohl doch an der Tafel verrechnet haben und ich fing ganz von vorne an.

Angenommen, da ist ein Mensch, der hat ziemlich genau 6 Liter Blut in seinem Körper rumsausen.

Der trinkt nun ein Glas Rotwein, der 12 % Alkohol enthält.

Das Glas enthalte 0.2 Liter, also 200 cm^3 Rotwein.

12 % davon sind $200 \cdot 0.12 = 24$, also 24 cm^3 Alkohol.

Den verteilen wir auf 6 Liter, also auf 6000 cm^3 Blut.

Wir rechnen also $24/6000 = 0.004$.

Das sind und bleiben 4 Tausendstel, also 4 Promille. Da bleibt kein Tropfen übrig.

Es dauerte einige Tage. Offensichtlich hatte es einen meiner Bekannten, einen Frauenarzt, stark beeindruckt, was wir da so ausgerechnet hatten. Nach langen Recherchen in einschlägigen Fachbüchern kam er eines Tages mit der Erklärung, dass wir so nicht rechnen dürfen. Da sind viele weitere Punkte zu beachten:

1. Der Alkohol kommt ja zuerst in den Magen. Dort vermischt er sich mit anderen Inhalten und wird so erst nach und nach in den Blutkreislauf transferiert. Das verringert die Alkoholkonzentration durch einen Zeitfaktor.

2. Die Leber beginnt sofort zu arbeiten. Pro Stunde wird ca. 1 Promille abgearbeitet.

3. Einiges an Alkohol geht wohl auch in die anderen Körperflüssigkeiten, so dass man nicht nur mit den 6 Litern Blut rechnen darf.

Alles zusammen genommen, bleiben also bei einem normalen Menschen, und wer ist das schon, so ca. 0.3 bis 0.4 Promille im Blut.

Wenn Sie aber ein Glas Rotwein direkt in die Venen injizieren würden – ich glaube nicht, dass das gesund wäre –, so hätten Sie sofort 4 Promille Alkohol im Blut. Insoweit ist unsere Rechnung korrekt.

1.2   Geschenkte Prozente

Als Mathematiker hat man es ja ziemlich schwer, an Geld heranzukommen. Einmal in meinem Leben ist es mir passiert, dass ich mit meinen Mathekenntnissen tatsächlich Geld gewonnen habe. Das muss ich Ihnen erzählen, vielleicht haben Sie ja mal dasselbe Problem vor sich und können so auch wenigstens ein klein wenig reich werden.

Also, wir haben uns seinerzeit ein Häuschen gebaut, so mit Architekten und viel eigener Schufterei. Unsere Architekten hatten bei der Bauvergabe mit dem Baumeister des Rohbaus einen Deal ausgemacht. Wir erhielten als Sonderleistung 5 % Rabatt auf die Gesamtsumme. Das war viel erspartes Geld für uns.

Als es nun zur Abrechnung kam, brachte uns der Bauunternehmer die Rechnung. Sagen wir jetzt einfach mal, es ging um 100 000 € (damals waren es noch DM, die Geschichte ist also schon verjährt!). Ob das nun € oder DM sind, spielt für meinen Gewinn keine Rolle.

Jetzt kam das Ausrechnen. Der Bauunternehmer sagte also:

100 000, davon 5 % Rabatt und dann die Mehrwertsteuer 19 % drauf. (Damals waren das noch 13 %!).

Hier setzte jetzt meine Cleverness sofort ein und ich widersprach:

Nein, so war das nicht abgemacht. Zuerst kommt die Mehrwertsteuer 19 % auf den Preis drauf, und dann gibt es den vereinbarten Rabatt.

Dem widersprach nun der Bauunternehmer seinerseits heftig und beharrte auf seinem Modell: Erst den Rabatt von dem niedrigeren Preis und dann die Mehrwertsteuer drauf. Er wollte wohl nicht seinen Rabatt auf den durch die Mehrwertsteuer höheren Gesamtpreis geben.

Da kam ich mit dem scheinheiligen Kompromiss, wir würden seinen Vorschlag annehmen, wenn er uns dafür an anderer Stelle etwas entgegenkommen könnte. Der Bauunternehmer zögerte nur einen kurzen Moment und schenkte uns dann zwei Kellerfenster. Damit erklärten wir uns als tolerante Mitmenschen einverstanden und beendeten den Handel.

Als der Bauunternehmer uns verlassen hatte und die Tür ins Schloss fiel, begannen meine Frau und ich sofort zu lachen. Die Architekten schauten ziemlich verdutzt und begriffen nichts. Daraufhin erklärte ich ihnen, dass das doch Schnurz und Piepe sei, wie rum man das rechnet. Es kommt immer dasselbe heraus. Das wollten die Architekten genauer erklärt haben.

Nun also, dann mal ran.

Wenn man 5 % Rabatt auf irgendeinen Betrag A gibt, so bedeutet das, man multipliziert den Betrag A mit 0.05, damit erhält man die Rabattsumme, die man von dem Betrag abziehen muss. 5 % bedeutet ja 5 von 100, also $5/100 = 0.05$. Man rechnet somit

$$A - 0.05 \cdot A = A \cdot (1 - 0.05) = 0.95 \cdot A$$

Man multipliziert also einfach den Betrag mit 0.95, wenn man 5 % Rabatt einräumt und erhält sofort den neuen Preis. Gibt man 8 %, so hat man mit 0.92 zu multiplizieren, klar?

Gut, jetzt kommen die 19 % Mehrwertsteuer drauf. Dazu rechnen wir $0.19 \cdot A$, was den Mehrpreis ergibt. Die Gesamtsumme ist dann

$$A + 0.19 \cdot A = A \cdot (1 + 0.19) = 1.19 \cdot A.$$

Man multipliziert also den Betrag mit 1.19, wenn man 19 % Mehrwertsteuer hinzuaddieren will.

Jetzt zur Gesamtrechnung:

Der Bauunternehmer multipliziert nach seinem Modell die 100 000 mit 0.95 wegen seines Rabattes und anschließend das Ergebnis mit 1.19 wegen der Mehrwertsteuer:

$$(100\,000 \cdot 0.95) \cdot 1.19 = 100\,000 \cdot (0.95 \cdot 1.19) \qquad (1.1)$$

Hier haben wir mit dem Gleichheitszeichen ausgenutzt, dass man beim Multiplizieren die Klammern anders setzen darf:

Satz 1.1 (Assoziativgesetz) *Für beliebige reelle Zahlen a, b und c gilt*

$$(a \cdot b) \cdot c = a \cdot (b \cdot c).$$

Wir hingegen multiplizieren erst wegen der Mehrwertsteuer die 100 000 mit 1.19 und dann das Ergebnis mit 0.95, unser vereinbarter Rabatt, und erhalten

$$(100\,000 \cdot 1.19) \cdot 0.95 = 100\,000 \cdot (1.19 \cdot 0.95) \qquad (1.2)$$

Jetzt kommt der Knackpunkt. Wir wissen doch schon von klein auf, dass

$$5 \cdot 7 = 7 \cdot 5$$

ist. Mathematiker sprechen vom Kommutativgesetz für Zahlen:

Satz 1.2 (Kommutativgesetz) *Für beliebige reelle Zahlen a und b gilt*

$$a \cdot b = b \cdot a.$$

Dieses Gesetz zeigt uns, dass die rechten Seiten der beiden Gleichungen (1.1) und (1.2) gleich sind:

$$0.95 \cdot 1.19 = 1.19 \cdot 0.95.$$

Das Ergebnis ist also Jacke wie Hose, stets kommt es zum selben Endpreis, nämlich

$$113\,050 \ \text{€}.$$

Ich möchte betonen, dass bei dem gesamten Gespräch mit dem Bauunternehmer nie von mir auch nur angedeutet wurde, dass eine der beiden Berechnungen vielleicht zu einem anderen Preis gelangen könnte. Natürlich sah ich auch keine Veranlassung, ihn darauf hinzuweisen, dass beide Rechnungen zum selben Ergebnis führen. Ich habe den guten Menschen nur einfach nicht aufgeklärt. Er war im Gegenteil sogar felsenfest überzeugt, dass er ein Schnäppchen mit den beiden Kellerfenstern gemacht hat. Inzwischen ist er leider schon verstorben, so dass ich ihm mit diesem Bekenntnis auch keinen Ärger mehr verursache.

1.3 Noch mehr Prozente

Eine beliebte Fangfrage lautet:

Ich gebe Dir auf dein Guthaben 10 % Pluszinsen, anschließend ziehe ich aber wieder 10 % als Gebühr für meine Unkosten ab. Was bleibt übrig?

Es liegt nahe zu vermuten, dass man zum alten Guthaben zurückkommt. Aber manchmal ist die Mathematik auch ein wenig hinterhältig.

Denken wir genau nach, was am besten mit einem Beispiel beginnt:

Nehmen wir an, Sie haben ein Guthaben von 1000 €! Wow, Gratulation. Dann erhalten Sie 10 % Pluszinsen, also erhalten Sie

$$\text{Pluszinsen} \qquad 100 \ \text{€}.$$

Ihr Guthaben beträgt jetzt 1100 €. Davon knöpfe ich Ihnen 10 % Gebühren ab, also

$$\text{Gebühren} \qquad 110 \ \text{€}.$$

Ihnen bleiben somit noch

$$\text{Restguthaben} \qquad 990 \ \text{€}.$$

Gemein, nicht?

Leicht zu durchschauen, der Trick, wenn wir uns an unser Multiplikations-spiel erinnern. 10 % Pluszinsen heißt ja Multiplikation mit 1.10. Analog heißt 10 % Gebühren Multiplikation mit 0.90. Wenn wir also ein Gutha-ben G annehmen, so bedeutet die Rechnung

$$G \cdot 1.1 \cdot 0.9.$$

und $1.1 \cdot 0.9 = 0.99 \neq 1$. Multiplizieren wir also 1000 € mit 0.99, so erhalten wir wie oben 990 €.

1.4   Änderung der Mehrwertsteuer

Am 1. Januar 2007 wurde bekanntlich die Mehrwertsteuer von 16 % auf 19 % angehoben. Das ist also eine Erhöhung um 3 %! Leider ganz und gar nicht.

Betrachten wir 16 Politiker und fragen, wie viel Prozent drei weitere sind.

Nun, einer ist $\frac{1}{16}$, drei sind also $\frac{3}{16} = 0.1875$. Das sind also satte 18.75 %. Das ist noch mehr wow, oder?

Die Erhöhung der Mehrwertsteuer betrug also nicht 3 %, sondern

$$\text{Mehrwertsteuererhöhung am 01. Jan. 2007} \qquad \cong \qquad 18.75, \%.$$

Kapitel 2

Wie wackelig!
Macht das hier fest!

So singt es Herr Beckmesser in den Meistersingern, als er das Podest betritt und wohl eher infolge seines abendlichen Alkoholkonsums ins Straucheln gerät.

2.1 Der wackelige Tisch

Noch schöner steht es bei Ovid, als Philemon und Baucis, zwei gastfreundliche, aber nicht mit großen Gütern gesegnete Menschen im Altertum, Herrn Zeus persönlich zu Gast hatten, diesen hohen Herrn aber nicht erkannten. Zeus musste laut Ovid an einem dreibeinigen Tisch Platz nehmen, der wackelte. Man stelle sich vor, ein *dreibeiniger Tisch, der wackelt*. Das geht doch nicht, das weiß doch jeder. Drei Beine stehen immer alle zugleich auf dem Boden.

Aber ein vierbeiniger, der wackelt eigentlich immer, wenn man ihn auf
Kopfsteinpflaster oder im Garten auf der unebenen Terrasse hinstellt. Nie
will er ruhig und zufrieden stehen, immer hat er ein Bein in der Luft, als
wäre er ein ständig pinkelnder Hund. Jede auch nur halbvolle Kaffeetasse
birgt ein unkalkulierbares Risiko für die Tischdecke.

Für unsere Untersuchung betrachten wir im Folgenden einen geradezu
perfekten quadratischen Tisch. Alle Beine sind exakt gleich lang. Leider ist der Boden nicht sehr eben, sondern wellig. Denken Sie an eine
Grasfläche im Garten.

2.2   Der Zwischenwertsatz

Nicht zu glauben, aber wiederum ist es die Mathematik, die hier Ab-
hilfe schaffen kann. Dabei steht uns der berühmte Zwischenwertsatz zur
Verfügung. Bitte nicht wegzappen, lassen Sie sich überraschen:

Satz 2.1 (Zwischenwertsatz) *Sei $f : [a, b] \to \mathbb{R}$ eine stetige Funktion
mit $f(a) < 0$ und $f(b) > 0$. Dann gibt es mindestens ein $\xi \in (a, b)$ mit
$f(\xi) = 0$.*

Das hört sich reichlich verworren an, ist aber ganz simpel, wenn man es
geschnallt hat. Lassen Sie sich nicht von den vielen Zeichen abschrecken.
So etwas benutzen wir nur dazu, um nicht so viel schreiben zu müssen,
es sind alles nur Abkürzungen. Seien Sie nicht böse, aber das macht jede
Wissenschaft so. Uns Mathematiker begeistert dabei lediglich die Kürze.
Sie werden sehen, wenn wir alles durchleuchtet haben, ist der Satz auch
für Sie einfach und klar.

Schauen wir auf die folgende Skizze:

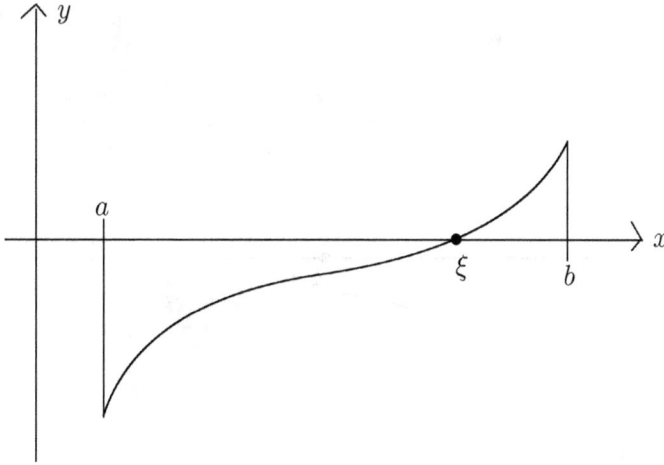

Abbildung 2.1: Eine wunderschöne durchgehende Kurve, die die x-Achse bei $x = \xi$ schneidet.

Hier ist eine einfache Funktion im Intervall $[a, b]$ dargestellt. Bei $x = a$ ist sie negativ (ihr Wert liegt unterhalb der x-Achse), bei $x = b$ dagegen positiv (ihr Wert liegt oberhalb der x-Achse). Na, und was schließt unser Adlerauge daraus? Richtig, zwischendurch schneidet sie also die x-Achse. Wir haben den x-Wert ξ (Xi) genannt. Das ist aber nicht immer so, sondern liegt an einer netten Eigenschaft unserer Funktion.

Schauen Sie sich folgendes Bild an:

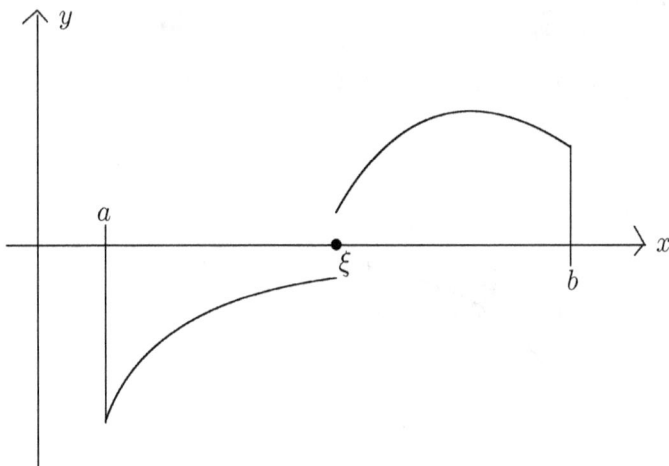

Abbildung 2.2: Eine zweigeteilte Funktion, die die x-Achse offensichtlich nicht schneidet.

Wieder haben wir bei $x = a$ einen negativen Wert und bei $x = b$ einen positiven. Na, und was kann unser Adlerauge hier nicht schließen?

Diese Funktion schneidet nicht die x-Achse.

Natürlich liegt es genau an dieser Zweiteilung, dass unser Satz nicht funktioniert. Die Funktion darf eben keine solchen Sprünge machen, sondern, so nennen wir es in der Mathematik, sie muss *stetig* sein. Für echte Mathefans schreiben wir die exakte Definition als Fußnote.[1] Uns reicht hier die Vorstellung, dass man den Funktionsgraphen in einem Zuge malen kann, er macht eben keine Sprünge.

---

[1] Eine Funktion $f : (a, b) \to \mathbb{R}$ heißt im Punkt $\xi \in (a, b)$ stetig, wenn zu jedem $\varepsilon > 0$ ein $\delta > 0$ existiert, so dass für jedes $x \in (a, b)$ mit $|x - \xi| < \delta$ gilt: $|f(x) - f(\xi)| < \varepsilon$.

Die Voraussetzung der Stetigkeit beschert uns nun den eigentlich so leicht einsehbaren Zwischenwertsatz, dass man sich fragt, warum man ihn überhaupt beweisen muss. Das sieht doch jedes Kind. Seien Sie gewarnt. In der Bemerkung 2.1 unten geben wir einen kleinen Hinweis, wo Würmer in diesem Satz stecken könnten.

Jetzt benutzen wir diesen Satz, um unserem Tisch das Wackeln abzugewöhnen. Wie das? Solch ein unnützer Satz sollte uns auf der Terrasse helfen? Nun, wir behaupten:

Satz 2.2 *Jeder vierbeinige quadratische Tisch kann durch einfaches Drehen um seine Mittelachse stets in eine Position gebracht werden, dass auf unebenem Untergrund alle vier Beine fest stehen. Gedreht werden muss er dabei höchstens um 90°.*

Wir haben diesen Satz etwas umgangssprachlich salopp formuliert. Wir müssen also später noch Genaueres zu den Voraussetzungen sagen. Aber zuerst sollten Sie diese Methode mal probieren, damit Sie erkennen, ob vielleicht etwas Wahres darin steckt. Wenn Ihr Tisch also wackelt, so drehen Sie ihn einfach am Ort etwas um seine Mittelachse. Sie werden sehr schnell eine Position finden, in der alle vier Beine fest aufstehen. Danach müssen Sie dann eventuell noch die Stühle etwas verrücken, damit alle Gäste wieder vor ihrem Tellerchen sitzen. Aber der Kaffee plempert nicht mehr über den Rand.

Jetzt müssen wir messerscharf nachdenken. Tatsächlich ist die folgende Überlegung nicht einfach. Aber bitte lassen Sie sich darauf ein. Die Erkenntnis, wie man das einsieht, ist wunderschön.

Zunächst brauchen wir etwas zur Stetigkeit des Bodens. Der kann dabei ziemlich eckig und kantig sein, wie halt so Platten oder Steine aussehen, aber es darf keine senkrechten Sprünge geben, wie wir oben an der nichtstetigen Funktion in Bild 2.2 gesehen haben. Aber solch einen Terrassenbelag werden Sie wohl nicht haben.

Nehmen wir nun an, unser Tisch stehe mit den drei Beinen A, B und C fest auf der Erde und das vierte Bein D, von uns aus gesehen vorne rechts, stehe in der Luft.

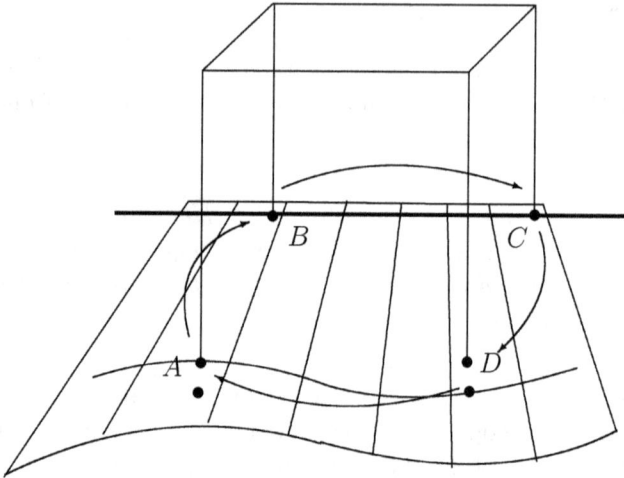

Abbildung 2.3: Der Wackeltisch, Bein D steht in der Luft.

Jetzt machen wir in Gedanken folgendes Experiment:

1. Wir denken uns durch B und C eine Linie gezogen. Diese nehmen wir als Drehachse, um die wir den Tisch drehen, also besser gesagt, kippen. Dadurch können wir Bein D nach unten drücken, bis es den Boden berührt, während Bein B und Bein C auf dem Boden haften bleiben. Gleichzeitig würde Bein A dabei den Boden durchdringen – es ist ein Gedankenexperiment – und unterhalb des Bodens hängen bleiben.

2. Wir können den Tisch drehen, wobei wir immer darauf achten, dass Bein A und Bein B und Bein C auf dem Boden lang rutschen. Wir

drehen den Tisch so, dass Bein A nach Position B rutscht, Bein B nach Position C und Bein C in die Position von Bein D rutscht, aber in die Position von oben unter 1. beschrieben, also auf dem Boden stehend.

Jetzt nutzen wir aus, alles gedanklich, dass der Tisch quadratisch und damit bezogen auf seine Mittelachse voll symmetrisch ist. Nach der in 2. beschriebenen Drehung ist er also in der Position wie unter 1. nach dem Kippen. Bein D, jetzt in der Position von Bein A, hängt also unterhalb des Bodens.

Bei dieser 2. Drehung ist also Bein D von einer Ausgangsposition oberhalb des Bodens in die Position von A, jetzt aber unterhalb des Bodens gerutscht. Wir hatten unseren Untergrund als eine stetige Fläche ohne Sprünge vorausgesetzt, also hat Bein D eine stetige Kurve von oberhalb (alte Position D) nach unterhalb (neue Position A) durchlaufen.

Was erzählt uns unser Zwischenwertsatz für diesen Fall? Das Bein D hat mindestens einmal den Erdboden bei dieser Bewegung durchstoßen. Für unser Wackelproblem ist wichtiger, dass es also den Erdboden mindestens einmal berührt hat. Da die drei Beine A, B und C immer auf festem Grund standen, haben wir damit eine Position des Tisches gefunden, wo alle vier Beine fest auf dem Boden stehen.

Das war unser Ziel.

Oben im Zwischenwertsatz hatten wir etwas von der Existenz eines Punktes ξ fabuliert. Sehen Sie es, es steckt hier in der Formulierung, dass Bein D mindestens einmal den Boden berührt hat. Das ist dieser ominöse Punkt ξ aus dem Zwischenwertsatz. Hier wie dort gibt uns dieser Satz allerdings keinen Hinweis darauf, wo dieser Punkt zu finden ist. Wir sehen, dass der Satz nicht konstruktiv ist. Er behauptet – und mathematisch wird es bewiesen –, dass es einen solchen Punkt gibt, aber wo er liegt, bleibt im Dunkeln.

Bemerkung 2.1 zur Notwendigkeit der reellen Zahlen

Erinnern Sie sich an Ihren Mathematikunterricht in der Mittelstufe? Ein typisches Thema dort ist die Einführung der reellen Zahlen. Was sind das eigentlich für Ungeheuer? Der Lehrer oder die Lehrerin haben sich damals furchtbar ins Zeug gelegt und was von Intervallschachtelungen erzählt. Auch der Begriff „Dedekindscher Schnitt" geistert durch die Schulbuchliteratur. In der Hochschulmathematik nimmt man Cauchyfolgen zu Hilfe. Alles Begriffe, mit denen man echt Abschreckung betreiben kann.

Für mich entsteht da die Frage, warum sich unsere Lehrkräfte eigentlich so anstrengen mit diesen komischen Zahlen. Wir benutzen doch heute fast überall unsere kleinen Hilfsknechte, die Taschenrechner. Die können aber nur mit endlichen Dezimalzahlen rechnen. Das sind alles rationale Zahlen. Wenn Sie den Kerl die Wurzel aus 2 ausrechnen lassen, gibt er Ihnen doch auch nur eine vielleicht 10-stellige Zahl, also etwas Rationales als Antwort.

Wozu braucht man die reellen Zahlen eigentlich?

Wenn kein Mensch die unendlich vielen Stellen von $\sqrt{2}$ jemals gesehen hat noch sehen wird, warum vergessen wir diese Dinger dann nicht einfach? Was soll der ganze Aufwand????

Jetzt komme ich: Der obige Zwischenwertsatz ist im Körper der rationalen Zahlen falsch. Denken Sie an die einfache Parabel

$$f(x) = x^2 - 2, \qquad 0 \le x \le 2.$$

Offensichtlich ist diese Polynomfunktion stetig. Für $x = 0$ ist $f(0) = -2$, also negativ, für $x = 2$ ist $f(2) = 2$, also positiv. Nach unserem Zwischenwertsatz liegt dazwischen also eine Nullstelle. Wir sehen auch sofort, dass $x = \sqrt{2}$ diese Nullstelle ist, aber die ist eben nicht rational. In den rationalen Zahlen hat diese Funktion also keine Nullstelle, und unser Satz *stimmt dort nicht. Wir brauchen also auch schon in der Schule die reellen Zahlen. Falls Sie jetzt sagen: „Aber den Zwischenwertsatz machen wir doch gar nicht in der Schule!", so komme ich mit dem Mittelwertsatz und einer analogen Argumentation. Nein, so leicht kommen Sie mir nicht davon.*

Verachtet mir die reellen Zahlen nicht!

2.3 Was tun, wenn der Tisch nicht quadratisch, sondern ernsthaft rechteckig ist?

Ich verrate es Ihnen, liebe Leserin, lieber Leser:

Ich weiß es nicht!

Tatsächlich, unsere obige Überlegung ist hier nicht anwendbar. Wieso das denn, werden Sie fragen. Nun, überlegen wir genau. Der entscheidende Punkt war doch, dass wir die neue Position des Tisches auf zwei verschiedenen Wegen gefunden haben. Einmal durch Kippen und zum zweiten Mal durch Drehen. Und dann haben wir festgestellt, dass wegen der Symmetrie des quadratischen Tisches beide Male wieder dieselbe Position herauskommt, nur ein Bein hängt jetzt nach unten raus.

Hier mit dem echt rechteckigen, also nicht quadratischen Tisch müssten wir den Tisch quasi um 180° drehen, um ihn wieder in die gleiche Stellung zu bringen. Diese können wir dann aber nicht durch Kippen erreichen, so dass uns das Argument fehlt, dass ein Bein unterhalb der Fläche geraten ist. Wie wir uns aus dieser Zwickmühle befreien können, weiß ich wirklich noch nicht. Haben Sie eine Idee, so lassen Sie es mich unbedingt wissen, damit ich mich nicht nächtelang quäle.

Kapitel 3

Fullhouse- und Otto-Zahlen

3.1 Einleitung

Eine gute Bekannte fragte mich eines Tages um Rat, weil sie mit den Mathematik-Hausaufgaben ihrer Tochter Schwierigkeiten hatte. Die Tochter war in der dritten Klasse. Es ging um merkwürdige Zahlen, die die Lehrerin Fullhouse-Zahlen nannte. Was war das? Ich hatte es auch nicht in meiner Schulzeit kennen gelernt. Also dachte ich ein wenig darüber nach. Später werden wir auch noch die Otto-Zahlen einführen, die ebenfalls in der Schule herumgeistern.

3.2 Fullhouse

Definition 3.1 *Unter einer Fullhouse-Zahl verstehen wir eine fünfstellige Zahl, bei der die ersten drei Ziffern gleich sind und ebenso die letzten beiden Ziffern gleich sind.*

Also als Beispiel schreiben wir

$$33377.$$

Pokerfreaks müssen wir nicht erklären, warum diese Zahl Fullhouse-Zahl
heißt. Ein Dreier + ein Zweier heißen eben Fullhouse beim Zocken.

Nächstgrößere Fullhouse-Zahl

Die nächstgrößere ist schnell gefunden

$$33388.$$

Das ist also zu leicht. Reizt Sie folgende Fragestellung:

Anzahl der Fullhouse-Zahlen

Wie viele Fullhouse-Zahlen gibt es überhaupt?

Nun, sie sind ja alle 5-stellig und damit kleiner als 100 000.

Die kleinste Fullhouse-Zahl ist die Zahl

kleinste Fullhouse-Zahl	00011

Die größte Fullhouse-Zahl ist die Zahl

größte Fullhouse-Zahl	99988

Wie viele Dreierpakete gibt es? 000, 111, 222, ..., 999

Das sind 10 Dreierpakete. Für jedes Dreierpaket können wir wiederum
10 Zweierpakete dazupacken, aber halt, kein Pokerkartenspiel der Welt

hat 5 Sechsen. Also können wir zu jedem Dreierpaket nur 9 Zweierpakete hinzufügen. Das Zweierpaket mit der Nummer des Dreierpacks muss fehlen.

Das macht zusammen

$$10 \times 9 = 90 \text{ Fullhouse-Zahlen}$$

3.3 Otto

Hat man die Fullhouse-Zahlen erst mal verdaut, ist es kein weiter Weg mehr, sich an Otto-Zahlen heranzuwagen.

Definition 3.2 *Unter einer Otto-Zahl verstehen wir eine beliebige Zahl, die von hinten nach vorne gelesen genauso lautet wie von vorne nach hinten.*

Das ist halt analog zu den Wörtern und sogar ganzen Sätzen, die man auch von hinten lesen kann und dasselbe ergeben. Bekannte Beispiele sind:

Ein Golf flog nie!

Ein Neger mit Gazelle zagt im Regen nie!

Reliefpfeiler

Das sind sogenannte Palindrome. Das Wort kommt aus dem Griechischen und bedeutet „Das Zurücklaufende".

Und eben OTTO! Das sieht man sofort, dass dieses Wort von hinten auch OTTO ergibt.

So etwas machen wir jetzt mit Zahlen. Da haben wir z. B.

3553   oder auch   7227,   aber auch   345543.

Nun stellen wir Ihnen für diese Otto-Zahlen einige Aufgaben.

Nächstgrößere Otto-Zahl

Nehmen Sie die Otto-Zahl 4774. Wie lautet dann die nächstgrößere Otto-Zahl?

Oho, da muss man schon mal kurz Luft holen. Man möchte die Einerzahl um 1 erhöhen, aber wegen der Ottoigkeit erhöhte sich auch die Tausenderzahl und wir erhielten 5775. Kurz innehalten, dann sehen Sie, dass 4884 unsere Aufgabe löst.

Die nächstkleinere ist dann natürlich die Zahl 4664.

Kleinste Otto-Zahl

Welches ist die kleinste höchstens vierstellige, welches die größte höchstens vierstellige Otto-Zahl?

Sind wir schon so weit, dass wir die Antwort einfach so vertragen?

Die kleinste vierstellige Otto-Zahl ist 0000, die größte 9999. Och, das war ja leicht.

Wie viele Otto-Zahlen gibt es?

Wie viele verschiedene höchstens vierstellige Otto-Zahlen gibt es?

Das betrachten wir ganz locker, und dann ist es nur noch eine Abzählerei.

Die kleinste ist 0000, die nächstgrößere ist 0110. Das geht bis 0990, zusammen sind das 10 Zahlen, die alle mit einer 0 vorne beginnen.

Jetzt kommen die, die mit 1 beginnen: 1001, 1111, 1221 bis 1991. Wieder sind das 10 Zahlen.

Jetzt alles klar. Bis zur größten 9999 sind das also in jedem Tausenderblock genau 10 Zahlen. Da es 10 Tausenderblöcke gibt, haben wir:

Es gibt 100 verschiedene höchstens vierstellige Otto-Zahlen.

3.4 Kurt Schwitters

Eine andere Kiste ist die Erkenntnis, die Kurt Schwitters, ein hannoverscher Dadaist, mit dem Namen „Hannover" gewonnen hat. Auch dieses Wort wollte er von hinten lesen, was ja so einfach gar keinen Sinn ergibt. In der Knochenhauerstraße in Hannovers Innenstadt sind Schwitters' krude Gedanken in einer Metallplatte auf dem Gehweg verewigt. In Kurzform lautet sein Fazit:

Hannover von hinten heißt „re von nah!", also „rückwärts von nah!".

Das macht ja auch nicht so richtig viel Sinn, aber es ist doch ganz lustig, solch einen Unsinn zu überlegen, eben Dadaismus oder auch typisch Schwitters.

3.5 Der Fehler des Mörders

Ein bekannter Krimi zog seine Hauptidee daraus, dass der Mörder behauptete, er habe die Zimmernummer der ermordeten jungen Frau gar nicht erfassen können. Er habe lediglich am Empfang des Hotels den

Portier mit dem Zimmerschlüssel hantieren sehen. Dabei sei aber das Nummernschild auf dem Kopf zu lesen gewesen und zwar die Nummer 69. Da sie aber auf dem Kopf stand, sei er zum „richtigen" Zimmer mit der Nummer 96 gegangen. Dort habe aber ein völlig Fremder gewohnt, und der sei ja auch nicht ermordet worden. Mit der Toten im Zimmer 69 habe er nichts zu schaffen.

Diesen dreisten Lügner konnte der superschlaue Kommissar leicht überführen. Er schrieb einfach mal die Zahl 69 auf ein Blatt Papier und drehte es um 180°. Welch Erstaunen!

Zwar wird bei diesem Umdrehen aus der 6 die 9 und aus der 9 die 6. Aber zugleich wird ja aus der Einerzahl die Zehnerzahl, sie rutscht ja nach vorne. Und aus der Zehnerzahl wird die Einerzahl. So wird also aus der 69 nach dem Drehen ...

richtig, wieder die 69. Der Verdächtige hatte also gar keinen Grund, zum Zimmer Nr. 96 zu gehen. Diese Zahl war nie im Spiel. Auch auf den Kopf gestellt blieb die 69 die Zahl 69, und der Verdächtige war der Mörder. So ist das mit der Mathematik.

3.6 Auf den Kopf gestellt

Mit dem „Über-Kopf-Lesen" kann man ein niedliches Spielchen veranstalten. Haben Sie noch einen Taschenrechner zu Hause? Tippen Sie doch mal bitte folgende Zahl ein:

$$3571.39317$$

Dann drehen Sie bitte den Taschenrechner herum, oder hängen Sie ihn an die Wand und machen Sie einen Kopfstand davor. Und nun lesen Sie, was

Sie da eingetippt haben. Man muss da mit Groß- und Kleinbuchstaben ein bisschen großzügig sein, aber dann kann man doch lesen:

LIEbE.ILSE

Jetzt können Sie selbst Ihrer Phantasie freien Lauf lassen und dabei folgende Umwandlungstabelle benutzen:

0	O
1	I
2	?
3	E
4	h
5	S
6	g
7	L
8	B
9	G

Was halten Sie von folgendem Spruch? Für den brauchen Sie natürlich sechs Taschenrechner. Vielleicht haben Sie ja auch ein paar Speicher?

Geselle	hohle	heisses	Blei	giesse	Siegel
3773539	37404	5355134	1378	355316	736315

Niedlich wird man in Sachsen wohl auch die Zahl 918079 aufnehmen.

Glaube ich jedenfalls.

Kapitel 4

Ist ein Rechteck
auch ein Trapez?

Da gab es mal eine spannende Frage bei einem Fernsehquiz. Ich meine mich zu erinnern, dass es um 32 000 Euro ging. Die Frage lautete:

Welche Behauptung ist richtig:

Ein Rechteck ist immer

(a) **ein Quadrat**   (b) **ein Parallelogramm**
(c) **ein Trapez**   (d) **eine Raute**

Wie üblich, soll hier nur genau eine Antwort richtig sein.

Analysieren wir die Frage ganz genau. Alle vier Objekte sind Vierecke.

4.1 Allgemeine Vierecke

Über ein allgemeines Viereck gibt es nicht viel zu berichten. Kleinigkeiten erfreuen uns aber auch schon. Ganz offensichtlich kann man jedes Viereck durch eine Linie, die zwei gegenüberliegende Punkte verbindet (solch eine Linie nennen wir Diagonale), in zwei Dreiecke zerlegen. Die Winkelsumme im Dreieck beträgt 180°. Also schließen wir locker:

Satz 4.1 *In jedem allgemeinen Viereck ist die Summe aller Winkel* 360°.

Noch etwas Geometrie gefällig? Wir bieten Ihnen folgendes Bildchen an:

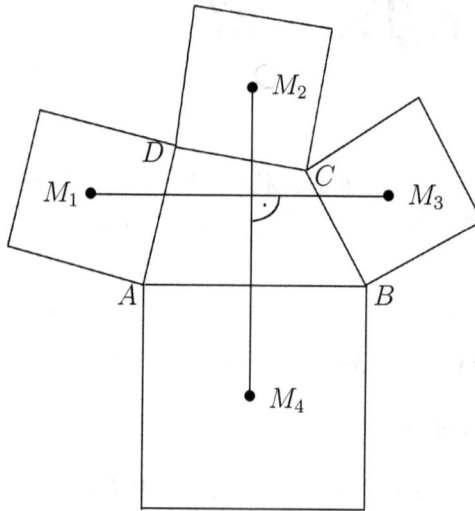

Abbildung 4.1: Allgemeines Viereck mit Quadraten über den Seiten

In die Mitte haben wir ein recht allgemeines Viereck $ABCD$ gemalt. Über die vier Seiten haben wir sodann die zugehörigen Quadrate konstruiert. Der dickere Punkt in jedem Quadrat steht genau in dessen Mittelpunkt;

also vielleicht sind Sie nicht so streng mit meinen Zeichenkünsten. Dann haben wir die vier Punkte über Kreuz miteinander verbunden.

Aus der Zeichnung kann man schon entnehmen (so schlecht war sie also gar nicht), dass diese letzten beiden Verbindungen senkrecht aufeinander stehen. Zusätzlich kann man durch Nachmessen glaubhaft machen, dass sie beide gleich lang sind. Das ist doch niedlich, oder? Ich hätte das nicht vermutet. Also formulieren wir das als Satz:

Satz 4.2 *Zeichnet man über die vier Seiten eines allgemeinen Vierecks jeweils die Quadrate und verbindet die gegenüberliegenden Mittelpunkte dieser Quadrate, so stehen diese Verbindungsgeraden senkrecht aufeinander und sind gleich lang.*

Der Mathematiker glaubt nicht, die Mathematikerin schon lange nicht, sondern beide beweisen.

4.2 Beweis

Wir benutzen die Gelegenheit, hier beim Beweis die komplexen Zahlen zu verwenden, wie wir sie im Kapitel 9 des Buches [7] eingeführt haben. Wenn Sie sich nicht so sicher mit diesen Gebilden fühlen, können Sie diesen Beweis locker überschlagen.

Wir werden folgende Tatsache, die sich sofort aus der Darstellung komplexer Zahlen in der Gaußschen Zahlenebene ergibt, mehrmals benutzen:

Satz 4.3 *Ist $a \neq 0$ eine beliebige komplexe Zahl, so ist $i \cdot a$ gerade die um $+90°$ gedrehte komplexe Zahl.*

Definition 4.1 *Eine Drehung um $+90°$ ist eine Drehung im mathematisch positiven Sinn, und das ist eine Drehung gegen den Uhrzeigersinn.*

Eine Drehung im Uhrzeigersinn, also im mathematisch negativen Sinn wird als Drehung um $-90°$ bezeichnet.

Wir legen unser Koordinatensystem so, dass A der Nullpunkt ist und die Seite $\overline{AB}$ auf der positiven x-Achse liegt. Wir wollen die Zeichnung nicht überfrachten, um den Überblick zu behalten, tragen daher diese Linien nicht ein.

Wir nennen jetzt, um auch das Rechnen etwas übersichtlicher zu machen, die Seiten des allgemeinen Vierecks

$$\begin{aligned}
\text{Seite } \overline{AB} &= 2 \cdot a \\
\text{Seite } \overline{BC} &= 2 \cdot b \\
\text{Seite } \overline{CD} &= 2 \cdot c \\
\text{Seite } \overline{DA} &= 2 \cdot d
\end{aligned}$$

Wir halbieren also die Strecken in der Mitte, so kommt der Faktor 2 zustande.

So, jetzt betrachten wir die Strecke von M_1 nach M_3, also wenn wir alles mit komplexen Zahlen ausdrücken, so betrachten wir

$$\begin{aligned}
M_3 - M_1 &= 2 \cdot a + 2 \cdot b + c + i \cdot c - a - i \cdot a \\
&= a + 2 \cdot b + c + i \cdot c - i \cdot a
\end{aligned}$$

und analog die Strecke von M_2 nach M_4, also

$$\begin{aligned}
M_4 - M_2 &= 2 \cdot a + 2 \cdot b + 2 \cdot c + d + i \cdot d - 2 \cdot a - b - i \cdot b \\
&= b + 2 \cdot c + d + i \cdot d - i \cdot b.
\end{aligned}$$

Wir behaupten ja, dass diese beiden Strecken gleich lang sind und senkrecht aufeinander stehen. Dazu müssen wir nur zeigen: Wenn wir die Strecke von M_1 nach M_3 um $+90°$ drehen, kommt die Strecke von M_2 nach M_4 heraus. Das drücken wir, um leichter rechnen zu können, noch etwas geschickter aus. Wir zeigen:

Wenn wir zur Strecke von M_2 nach M_4 die um $+90°$ gedrehte Strecke von M_1 nach M_3 addieren, so kommt 0 heraus. Wir zeigen also:

$$M_4 - M_2 + i(M_3 - M_1) = 0.$$

Also setzen wir alles mal ein und bedenken, dass $i \cdot i = -1$ ist:

$$
\begin{aligned}
M_4 \quad &- \quad M_2 + i(M_3 - M_1) \\
&= \ b + 2 \cdot c + d + i \cdot d - i \cdot b \\
&\quad -i(a + 2 \cdot b + c + i \cdot c - i \cdot a) \\
&= \ \underbrace{a + b + c + d}_{} + i\underbrace{(a + b + c + d)}_{}.
\end{aligned}
$$

Wir haben hier ein Viereck vor uns. Wenn wir beim Punkt A starten und einmal ringsrum laufen, so kommen wir wieder zur 0; also ist

$$2 \cdot a + 2 \cdot b + 2 \cdot c + 2 \cdot d = 0,$$

was aber sogleich heißt

$$a + b + c + d = 0.$$

Beide oben unterklammerten Anteile sind also 0, und wir haben gezeigt, was wir zeigen wollten.

4.3   Die speziellen Vierecke

Kommen wir jetzt zu den spezielleren Vierecken. In der Frage werden fünf genannt: *Rechteck, Trapez, Parallelogramm, Raute und Quadrat.*

Wie Mathematiker das so treiben, beginnen wir zuerst mit der genauen Definition dieser Gebilde.

Definition 4.2

1. *Ein Rechteck ist ein Viereck, in dem alle Winkel* $90°$ *betragen.*

2. *Ein Trapez ist ein Viereck, in dem zwei gegenüberliegende Seiten parallel sind. Das ist eine Einschränkung nur für zwei der vier Seiten.*

3. *Ein Parallelogramm ist ein Viereck, in dem jeweils die gegenüberliegenden Seiten parallel sind. Das ist eine Einschränkung für alle vier Seiten.*

4. *Eine Raute, auch Rhombus genannt, ist ein Viereck mit vier gleich langen Seiten.*

5. *Ein Quadrat ist ein Viereck, das an jeder der vier Ecken einen rechten Winkel und vier gleich lange Seiten hat.*

So weit die Erklärungen, wie man sie in jedem Schulbuch finden kann. Jetzt müssen wir diese Objekte miteinander vergleichen.

Trapez

Wir starten mit dem Trapez; denn dessen Erklärung kommt mit einer Einschränkung an lediglich zwei der vier Seiten daher. Nur zwei gegenüberliegende Seiten müssen parallel sein, die anderen beiden dürfen tun, was sie wollen. Schauen Sie sich das folgende Bildchen an:

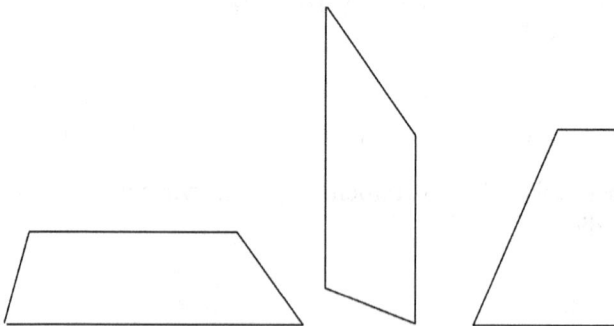

Abbildung 4.2: Verschiedene Trapeze

Nur beim mittleren könnten Sie ins Grübeln geraten. Aber wir haben es
nur ein wenig gedreht, nämlich um 90°. Parallel sind hier die linke und
die rechte Seite. Lassen Sie Ihren Freund mal von der Seite verstohlen
einen Blick auf Ihre Lektüre werfen; er sieht das Trapez dann „richtig"
herum, wobei wir eigentlich in Frage stellen sollten, was denn nun richtig
ist.

Parallelogramm

Für das Parallelogramm haben wir eine Einschränkung an alle vier Seiten. Jeweils die gegenüberliegenden müssen parallel sein. Da bleibt nicht
mehr so viel Variationsbreite. Im folgenden Bild zeigen wir Ihnen zwei
unterschiedliche Typen:

Abbildung 4.3: Verschiedene Parallelogramme

Jetzt kommt der Mathematiker mit seiner ach so komplizierten Logik.
Wir haben beim Trapez nur etwas für zwei der beteiligten vier Seiten
verlangt. Die beiden anderen können tun, was sie wollen, wenn es denn
ein Viereck bleibt.

Diese beiden Seiten können doch auch parallel sein.

Andere Leute machen da sprachlich eine Unterscheidung. Wenn sie ver-
langen, dass zwei Seiten parallel sind, so meinen sie automatisch damit,

dass es die anderen beiden Seiten bitteschön nicht sein mögen. Die Mathematiker sind viel schärfer in ihrer Aussage. Sie würden in dem Fall sagen:

Zwei und nur zwei Seiten müssen parallel sein oder auch *genau zwei Seiten müssen parallel sein.*

Für einen Mathematiker ist die Aussage

Jeder gesunde Hund hat drei Beine!

völlig korrekt; er hat ja sogar vier Beine. Wenn also bei einem Parallelogramm je zwei gegenüberliegende Seiten parallel sind, so sind ja sicher zwei der beteiligten vier Seiten parallel. Das ist die Bedingung für ein Trapez. Wir halten also fest:

Satz 4.4 *Jedes Parallelogramm ist ein Trapez.*

Rechteck

Ein Rechteck hat an jeder der vier Ecken einen rechten Winkel, woraufhin die gegenüberliegenden Seiten gleich lang sind.

Satz 4.5 *Jedes Rechteck ist ein Parallelogramm.*

Raute oder Rhombus

Eine Raute ist ein Viereck mit gleich langen Seiten. Es muss aber nicht rechtwinklig sein.

Vielleicht gefällt Ihnen die auf die Spitze gestellte Raute etwas besser. Mich erinnert sie an Weihnachtsplätzchen.

Natürlich sind bei den Rauten gegenüberliegende Seiten parallel. Man erhält sie ja zum Beispiel dadurch, dass man an einer Ecke eines Quadrates etwas zieht. Damit ist eine Raute (Rhombus) immer ein Parallelogramm.

Satz 4.6 *Jede Raute ist ein Parallelogramm.*

Abbildung 4.4: Verschiedene Rauten

Quadrat

Es ist nicht verboten, dass bei einem Rechteck alle vier Seiten gleich lang sind. Sie müssen es zwar nicht, können es aber sein, woraus folgt:

Satz 4.7 *Jedes Quadrat ist ein Rechteck.*

Sehr hübsch ist auch der Vergleich zwischen Raute, Rechteck und Quadrat. Bei der Raute sind alle Seiten gleich lang, beim Rechteck sind alle Winkel rechte Winkel. Beides zusammen führt uns genau zu den Quadraten.

Satz 4.8 *Jede Raute, bei der zugleich alle Winkel 90° sind, die also ein Rechteck ist, ist ein Quadrat.*

4.4   Vergleich mit dem Mengendiagramm

Lassen Sie sich ein bisschen mit Mengen verwöhnen. Das sind diese Gebilde, die vor dreißig Jahren sämtliche Schulzimmer eroberten. Man glaubte
darin die wahre Mathematik erkannt zu haben. Aber damals wie heute
dient diese Mengenlehre lediglich der Veranschaulichung. Ihre eigenstän-
dige Bedeutung hat sie im Rahmen der Logik mit sehr komplizierten und
tiefliegenden Aussagen. Im Rahmen eines Universitätsstudiums lernt man
das in höheren Semestern.

Veranschaulichen aber kann man obige Ergebnisse wunderbar mit Mengen, die wir hier als Ovale zeichnen.

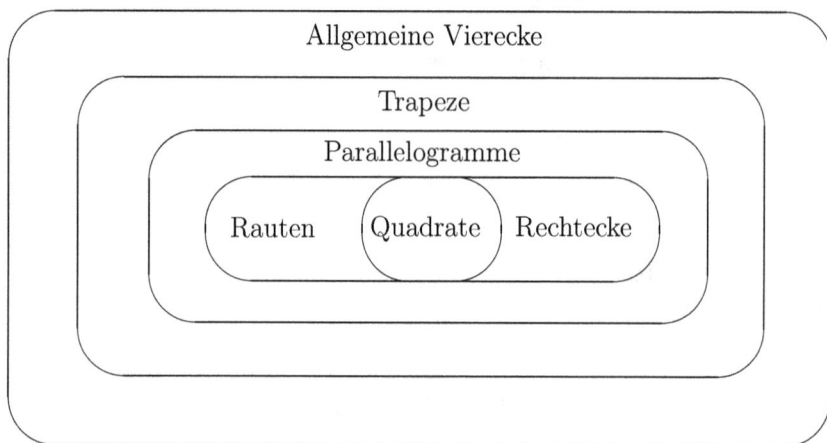

Abbildung 4.5: Wir betrachten die allgemeinen Vierecke, das größte Oval. Darin liegen die Trapeze, denn jedes Trapez ist natürlich ein Viereck. Darin wiederum liegen die Parallelogramme; schließlich hat ja jedes Parallelogramm zwei
gegenüberliegende Seiten, die parallel sind. Es sind ja auch die beiden anderen
Seiten parallel. In den Parallelogrammen liegen sowohl die Rauten als auch die
Rechtecke. Beide haben zusätzliche, aber unterschiedliche weitere Bedingungen
zu erfüllen. Der Durchschnitt oder auch die Schnittmenge der Rechtecke mit
den Rauten, das sind die Quadrate. Die liegen also ganz innen drin.

4.5 Ein Rechteck ist ein Trapez und zugleich ein Parallelogramm!

Damit ist die Frage zweifelsfrei geklärt.

- Jedes Rechteck ist ein Parallelogramm.

- Und weil jedes Parallelogramm ein Trapez ist, ist jedes Rechteck auch ein Trapez.

Im besagten Quiz waren also zwei Antworten richtig. Das Rateteam hatte sich nur auf das Parallelogramm gespitzt, und der Kandidat hat zu seinem Glück auch genau diese Antwort gegeben.

Welche Probleme wären auf die Nation zugekommen, wenn der Kandidat die ebenfalls richtige Antwort „Trapez" gewählt, das Rateteam diese Antwort aber als falsch deklariert hätte!

Kapitel 5

Warum sind dicke Radfahrer bergab schneller?

5.1   Einleitung

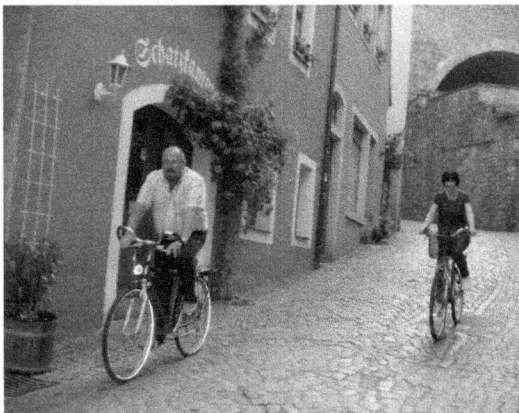

Ist Ihnen das auch schon passiert? Sie sind mit Freunden so gemütlich bei einer Radtour. Und auf einmal geht es bergab. Jeder freut sich, die Pessimisten sehen schon dem nächsten Berg entgegen. Auf jeden Fall sind nicht alle zur gleichen Zeit unten, sondern die Dicken zeigen uns ihren Allerwertesten und schnurren davon; sie sind einfach schneller. Oder ist das wie mit den Kirschen in Nachbars Garten? Die sind ja auch immer größer.

5.2   Ein verbreiteter Irrtum

Stellt man dieses Problem physikalisch angehauchten Leuten, haben die schnell eine Antwort parat.

> Natürlich sind die Dicken schneller unten, denn bei ihnen ist ja der Hangabtrieb wesentlich größer.

Das hört sich physikalisch an und klingt gut. Betrachten wir es aber genau:

Unter dem Hangabtrieb verstehen wir die Kraft, die den Radfahrer ins Tal zieht. Das ist im Wesentlichen sein Gewicht G, also

$$G = m \cdot g$$

Dabei ist m seine Masse und $g = 9.81\,\mathrm{m/s^2}$ die Erdbeschleunigung. Wegen der abfallenden Straße dürfen wir von dieser Kraft aber nur ihren Anteil G_t in Richtung der Straße, also den tangentiellen Anteil, nehmen.

Schauen wir auf die Skizze 5.1, so erkennen wir mit geschultem Blick

$$G_t = m \cdot g \cdot \sin \alpha.$$

Immer noch finden wir die Masse m in G_t. Also ist die Hangabtriebskraft für einen dicken Radfahrer größer als für einen spindeldürren. Folglich ist er auch schneller unten.

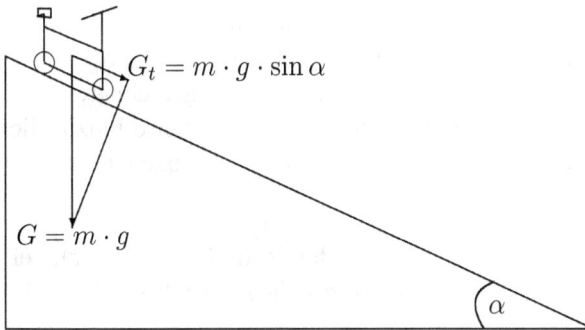

$$G_t = m \cdot g \cdot \sin\alpha$$

$$G = m \cdot g$$

Abbildung 5.1:

Da diese Antwort sehr schlüssig klingt, hat man schlechte Karten, wenn man auf einer weiteren Diskussion besteht. Das Problem ist ja schon längst gelöst, warum noch weiter nachdenken.

Aber jetzt komme ich. Die einfachen Antworten haben manchmal einen kleinen Haken, den wir nicht unterschätzen dürfen. Wie ist das genau mit der Bewegung?

5.3 Newtons Gesetz

Isaac Newton hat bereits im 17. Jahrhundert die Grundaxiome der Physik aufgestellt. Eines der bedeutendsten Gesetze ist das folgende:

Kraft $\vec{F}$ ist gleich Masse m mal Beschleunigung $\vec{a}$

$$\vec{F} = m \cdot \vec{a} \tag{5.1}$$

Will man einen Klotz schneller bewegen, ihn also beschleunigen, muss man mehr Kraft aufwenden. Der zugehörige Proportionalitätsfaktor ist dabei die Masse m des Klotzes.

Dieses Gesetz beschreibt alle Bewegungsvorgänge. Wenden wir es auf unsere Radfahrer an, so haben wir die Kraft, die beim Bergabfahren die Radler nach unten zieht, ja schon oben ausgerechnet; es ist unsere Hangabtriebskraft. Neu kommt jetzt die rechte Seite hinzu, die wir oben bei der einfachen Überlegung nicht mit einbezogen haben. Da liegt unser Haken.

Bezeichnen wir die Bewegung der Radfahrer mit $x(t)$, sei also $x(t)$ der zurückgelegte Weg, und sei t die Zeit, so erhalten wir die Beschleunigung als

$$\vec{a} = \frac{d^2 x(t)}{dt^2}$$

Damit kommen wir zur ersten Grundgleichung des Bergabfahrens:

$$m \cdot g \cdot \sin \alpha = m \cdot \frac{d^2 x(t)}{dt^2}$$

Und schauen wir genau hin. In dieser Gleichung steht links und rechts die Masse m. Da es ein positiver Faktor ist – die Radfahrer sollen ja nicht wie ein Suppenkaspar am fünften Tag aussehen –, kann m auf beiden Seiten locker gekürzt werden. Die ganze Gleichung, die den Bewegungsablauf des freien Falls beschreibt, ist also unabhängig von der Masse. Damit ist natürlich auch eine Lösung dieser Gleichung unabhängig von der Masse. Wenn wir also so einfach vorgehen wollen, kommen wir zwingend zu dem Schluss, dass die Fahrt der Radfahrer unabhängig von ihrem Gewicht verläuft: Dicke und Dünne kommen gleich schnell unten an.

Diese Gleichung erklärt auch genau, warum der dicke und der dünne Radfahrer beim senkrechten Bergabfahren, also dem freien Fall, zugleich unten aufknallen. Denn die Masse m spielt ja keine Rolle. Damit fallen beide gleich schnell. Wir können sogar leicht für den senkrechten Fall, also $\alpha = 90°$ und damit $\sin \alpha = 1$, das Fallgesetz ausrechnen. Die Gleichung lautet ja dann, nachdem wir m gekürzt haben

$$g = \frac{d^2 x(t)}{dt^2}.$$

Wir müssen also nur zweimal integrieren, um $x(t)$ zu erhalten. Das ergibt

$$x(t) = \frac{1}{2} \cdot gt^2,$$

so wie es in unserem Schulbuch steht.

Vielleicht ist also alles nur Einbildung. Aber irgendetwas bleibt hängen mit den Dicken. Eigentlich haben sie doch eine größere Reibung bei ihrem Gewicht. Der Luftwiderstand ist doch wohl auch größer. Sie sollten also später unten sein.

Kann hier, sollte gar vielleicht, ist da womöglich die Mathematik dran schuld?

Nein, so geht das nicht. Man muss schon die Kirche im Dorf lassen und die Logik bei der Mathematik. Schuld ist sie garantiert nicht. Aber vielleicht kann sie das Phänomen erklären, falls es eines ist.

5.4 Das Experiment

Dem Autor wurde bei der Frage etwas mulmig. Sollte ich mich ransetzen und eine Erklärung suchen für etwas, was es vielleicht gar nicht gab? Vielleicht sind die Dicken ja nicht schneller, unser Neid spiegelt uns das nur vor! Also begab ich mich auf die Suche nach dicken und dünnen Gegenständen. Eine Kugel aus Styropor und eine gleich große aus Marmor fand ich in Geschäften. So hatte ich zwei gleich große Kugeln, die aber unterschiedlich schwer waren. Das war ideal für mein Experiment; denn wenn man sich mal dicke und dünne Menschen genauer ansieht, so sind die Dicken gar nicht viel breiter. Das Mehr an Gewicht hängt nach vorne raus. Das sieht man auch in Flugzeugen. In der Economy-Klasse reichen die Sitze gerade so für mich. Als da mal so ein richtiger Rancher aus Texas neben mir Platz nahm, hat der doch tatsächlich in den Sitz reingepasst. Aber die Stewardess musste ihm eine Verlängerung für den Sitzgurt bringen.

Also, der Luftwiderstand wegen der Breite ist bei dicken und dünnen Radfahrern ziemlich gleich. Meine Kugeln waren passend. Zuerst ließ ich sie im freien Fall auf den Boden plumpsen. Wie es schon Galilei und Newton vorhergesagt hatten, kamen sie gleichzeitig unten an, man hörte nur einen gemeinsamen Bumps.

Dann besorgte ich mir ein Brett und ließ sie gemütlich die schiefe Ebene hinunterkullern. Welch ein Erstaunen, als sich bei verschiedenen Neigungen des Brettes stets die dicke Kugel auf und davon machte und als Erste unten war. Das roch nach Prinzip und könnte die dicken Radfahrer beruhigen.

Wo also liegt unser Fehler?

Wir haben die Reibung links liegen gelassen.

Das geht natürlich nicht. Die Physik lehrt uns, dass es verschiedene Arten von Reibung gibt. Zwei davon spielen hier bei unseren Radfahrern eine erhebliche Rolle.

5.5   Die Coulomb-Reibung

Diese Reibung tritt auf, wenn ein Körper oder ein Klotz auf einer Unterfläche gleitet, die nicht geschmiert ist. Das gibt dann solch ein scheußliches Geräusch, es kratzt und quietscht. Diese Reibung wird nach Coulomb benannt, und sie gehorcht dem Gesetz:

$$R_C = \mu \cdot F_N,$$

wenn wir mit F_N die Normalkomponente des Gewichts und mit μ den Reibungskoeffizienten bezeichnen.

In unserer Skizze oben finden wir für die Normalkomponente F_N des Gewichts:

$$F_N = m \cdot g \cdot \cos\alpha.$$

Das bringt für die Coulomb-Reibung

$$R_C = \mu \cdot m \cdot g \cdot \cos\alpha.$$

Diese Reibung hindert unsere Radfahrer beim Vorwärtskommen; daher müssen wir sie von der Hangabtriebskraft subtrahieren. Wenn wir das einbeziehen in unsere Überlegung mit den Stramplern, so erhalten wir die Gleichung:

$$\text{Kraft} - \text{Reibung} = \text{Masse mal Beschleunigung,}$$

also

$$m \cdot g \cdot \sin\alpha - \mu \cdot m \cdot g \cdot \cos\alpha = m \cdot \frac{d^2x(t)}{dt^2}.$$

Die unbekannte Funktion ist ja $x(t)$ wie oben. Diesmal steckt sie etwas komplizierter in der Gleichung. Im Augenblick wollen und müssen wir uns gar nicht darum bemühen, $x(t)$ zu finden; denn, wie man sofort erkennt, lässt sich hier wieder auf beiden Seiten die Masse m herauskürzen. Wir gehen ja davon aus, dass unsere Radfahrer nicht gerade 0 Gramm wiegen; denn dann wären sie gar nicht real vorhanden.

Dann aber ist die Gleichung und damit auch ihre Lösung $x(t)$ und damit unser Radfahrerproblem wiederum völlig unabhängig von der Masse m: Dicke und Dünne würden also gleich schnell fahren.

Diese zugegebenermaßen einfache Lösung löst daher unser Problem nicht; denn unser Experiment und unsere Erfahrung weisen uns auf den unzweifelhaften Vorteil von ein paar mehr Pfunden beim Bergabfahren hin. Wir müssen also weiter suchen nach der korrekten Erklärung.

Damit wir nicht zu schwierige Gleichungen lösen müssen, gehen wir mal davon aus, dass die Räder ordentlich gewartet sind und daher auch nur sehr wenig von dieser Reibung besitzen. Gut schmieren und schön aufpumpen, dann können wir die Coulomb-Reibung vernachlässigen.

5.6   Die Stokes-Reibung

Die Physik kennt noch eine weitere Reibungsart, die Stokes-Reibung:

Nicht zu große Körper, die sich nicht zu schnell durch eine Flüssigkeit oder ein Gas bewegen, werden proportional zu ihrer Geschwindigkeit v abgebremst. Den Proportionalitätsfaktor nennen wir η, die Viskosität:

$$F_S = \eta \cdot v.$$

Das ist der Luftwiderstand, den wir jetzt doch einbauen werden, auch wenn er für beide Fahrer gleich ist.

Zusammen mit dem Gesetz von Newton (5.1) erhalten wir jetzt die Gleichung

$$m \cdot g \cdot \sin \alpha - \eta \cdot \frac{dx(t)}{dt} = m \cdot \frac{d^2 x(t)}{dt^2} \tag{5.2}$$

Beachten Sie zum einen wieder, dass wir die Stokes-Reibung subtrahieren müssen, weil sie sich ja für die Fortbewegung als hinderlich erweist. Zum zweiten sehen wir jetzt endlich, dass sich die Masse m nicht mehr herauskürzen lässt, im zweiten Term mit der Stokes-Reibung ist kein m! Damit also erhalten wir, wenn wir es schaffen, die Gleichung nach $x(t)$ aufzulösen, eine Lösung, die noch die Masse m enthält. Ob sich das dann richtig auf unsere Biker anwenden lässt, müssen wir noch diskutieren.

Wir setzen eine Kleinigkeit für den Beginn unseres Bergabfahrens fest. Und zwar wollen wir verabreden, dass der Dicke und der Dünne am Berg oben stehen, wo wir auch unseren Koordinatenursprung hinlegen. Am Beginn sei also noch kein Weg zurückgelegt, folglich

$$x(0) = 0.$$

Außerdem wollen wir für diesen Anfang verabreden, dass beide in Ruhe verharren, um dann irgendwann gleichzeitig losgelassen zu werden, also

$$dx(0)/dt = 0.$$

Dies sind sogenannte Anfangsbedingungen, die wir ziemlich willkürlich festlegen, aber so ist es doch vernünftig.

Fassen wir die Vorgaben und die Aufgabe zusammen, so erhalten wir

Anfangswertaufgabe

$$m \cdot g \cdot \sin \alpha - \eta \cdot \frac{dx(t)}{dt} = m \cdot \frac{d^2 x(t)}{dt^2} \qquad (5.3)$$

$$x(0) = 0$$

$$dx(0)/dt = 0$$

Dieses ist eine Anfangswertaufgabe mit einer linearen Differentialgleichung zweiter Ordnung mit konstanten Koeffizienten. Wow, das haut rein bis in die Socken. Es sollte Sie aber nicht erschrecken, denn wir haben doch nur einige Namen zusammengestellt, um uns gepflegt im Rahmen der Mathematik ausdrücken zu können. Zur Lösung hat diese Benennung noch nicht beigetragen. Immerhin wissen wir jetzt, in welchem Kapitel eines Fachbuches wir nachschlagen müssten, um etwas zur Lösung zu finden.

5.7   Lösung der Anfangswertaufgabe

So wie wir für die wirklichen Freaks im Buch [6] im Kapitel „Das Glatteis/-Brotschneideproblem" eine analoge Anfangswertaufgabe mit der Laplace-Transformation gelöst haben, wollen wir jetzt hier wieder nur für nimmermüde Matheasse den raffinierten Weg mittels der Exponentialfunktion beschreiben.

Sie können also ruhig ohne schlechtes Gewissen diesen Abschnitt überschlagen, falls Sie nicht zu diesen Fans gehören. Lesen Sie einfach weiter auf Seite 54.

Also, Ihr Unverbesserlichen, dann wollen wir das mal angehen.

Ein kleiner Trick zu Beginn. Unser Adlerauge erkennt rattenscharf, dass die Aufgabe linear ist; denn die gesuchte Funktion $x(t)$ kommt nur in der ersten Potenz, also linear vor. Für solche Aufgaben lernt man gleich zu Beginn einer Vorlesung über Differentialgleichungen den folgenden Satz:

Satz 5.1 (Superpositionssatz) *Die Gesamtlösung einer linearen Differentialgleichung setzt sich additiv zusammen aus der allgemeinen Lösung der homogenen Differentialgleichung und einer speziellen Lösung der inhomogenen Differentialgleichung.*

Dabei heißt der Term, der die unbekannte Funktion $x(t)$ nicht enthält, der inhomogene Term. Das ist hier unser erster Term $m \cdot g \cdot \sin \alpha$.

Wir unterteilen die Aufgabe daher in zwei Teilaufgaben:

1. Bestimmung der allgemeinen Lösung der homogenen Differentialgleichung

$$\eta \cdot \frac{dx(t)}{dt} = m \cdot \frac{d^2x(t)}{dt^2} \tag{5.4}$$

2. Suche nach einer speziellen Lösung der inhomogenen Differentialgleichung

$$m \cdot g \cdot \sin \alpha - \eta \cdot \frac{dx(t)}{dt} = m \cdot \frac{d^2 x(t)}{dt^2} \qquad (5.5)$$

Allgemeine Lösung der homogenen Differentialgleichung

Die Mathematiker haben ja mit ihrer Wissenschaft schon etliche Jahre –
manche reden von 4000 Jahren – Erfahrung. Und diese Erfahrung hat
uns gelehrt, dass für eine solche Aufgabe häufig die Exponentialfunktion
e^x gute Dienste leistet. Ein bisschen werden wir sie abwandeln, um zum
Ziel zu gelangen. Wir bauen eine noch zu bestimmende reelle Zahl λ mit
ein.

Wir machen also den Ansatz für die Lösung:

$$x(t) = e^{\lambda \cdot t}, \qquad \lambda \in \mathbb{R}.$$

Das ist so eine Besonderheit mit dem Ansatz. Es bedeutet schlichtweg
nur, dass wir mal etwas probieren wollen. Wir werden daher im Folgenden
auch gar nicht danach fragen, ob es sinnvoll ist, was wir da tun, ob es
erlaubt ist, ob wir vielleicht einen Fehler machen. Ansatz bedeutet nur:

Wir probieren etwas; mal sehen, was rauskommt.

Wenn etwas rauskommt, müssen wir dann natürlich nachrechnen, ob es
uns etwas bringt. Wenn wir also auf diese obskure Weise zu einer „Lösung"
$x(t)$ kommen, so müssen wir unbedingt eine Probe machen und damit
rechtfertigen, dass $x(t)$ wirklich eine Lösung ist.

Dieser Gedanke ist doch genial, eigentlich unmathematisch, eher ein
Rumstochern; aber die Welt hat diesen Gedanken so weit aufgenommen,

dass man sogar im Englischen denselben Namen „ansatz" für diesen Trick verwendet. Es gibt keine gute Übersetzung für diesen Begriff.

Diesen Ansatz werden wir jetzt in die Differentialgleichung einsetzen. Dazu müssen wir Ableitungen bilden. Es ist

$$\frac{d\,e^{\lambda \cdot t}}{d\,t} = \lambda \cdot e^{\lambda \cdot t},$$

$$\frac{d^2\,e^{\lambda \cdot t}}{d\,t^2} = \lambda^2 \cdot e^{\lambda \cdot t}.$$

Das setzen wir nun in (5.4) ein und erhalten

$$-\eta \cdot \frac{dx(t)}{dt} = m \cdot \frac{d^2x(t)}{dt^2}, \qquad \text{also}$$

$$-\eta \cdot \lambda \cdot e^{\lambda \cdot t} = m \cdot \lambda^2 \cdot e^{\lambda \cdot t}.$$

Das sieht doch schon recht übersichtlich aus. Jetzt fällt uns auch zugleich ein, dass die Exponentialfunktion $e^{\lambda \cdot x}$ niemals null wird. Wir können also gefahrlos auf beiden Seiten kürzen und erhalten die noch einfachere Gleichung:

$$-\eta \cdot \lambda = m \cdot \lambda^2. \qquad (5.6)$$

Das formen wir schnell noch etwas um:

$$\eta \cdot \lambda + m \cdot \lambda^2 = \lambda \cdot (\eta + m \cdot \lambda) = 0. \qquad (5.7)$$

Der mittlere Term ist jetzt ein Produkt aus zwei Faktoren. Das möchte bitteschön null werden, so sagt es ja unsere homogene Gleichung. Ein Produkt wird aber genau dann gleich null, wenn wenigstens einer der beiden Faktoren gleich null ist. So erhalten wir die zwei Gleichungen:

$$\lambda = 0 \qquad \text{und} \qquad \eta + m \cdot \lambda = 0.$$

Das ergibt daher

$$\lambda = 0 \qquad \text{und} \qquad \lambda = -\frac{\eta}{m}.$$

Das λ war unser unbekannter Parameter, den wir also jetzt bestimmt haben. Damit erhalten wir zugleich zwei Lösungen unserer homogenen Differentialgleichung:

$$x_{hom1}(t) = e^{0 \cdot x} = 1 \quad \text{und} \quad x_{hom2}(t) = e^{\frac{\eta}{m} \cdot t}. \tag{5.8}$$

Fein, diese zwei Lösungen verwenden wir nun zur Darstellung der allgemeinen Lösung; dabei erinnern wir uns kräftig, dass wir ja eine lineare homogene Differentialgleichung zu bearbeiten haben. Ihre Lösungen bilden daher einen Vektorraum. Das bedeutet schlicht gesagt, dass mit jeder Lösung auch ein beliebiges Vielfaches davon wieder Lösung ist. Klaro, multiplizieren Sie eine der beiden Lösungen oben mit 5 und setzen Sie das dann ein. Rechts steht doch eine Null. Wenn wir die mit 5 multiplizieren, bleibt es die Null.

Außerdem ist mit zwei Lösungen auch ihre Summe eine Lösung. Das heißt, wir können jetzt alle Lösungen darstellen als

$$x_{hom}(t) = c_1 \cdot 1 + c_2 \cdot e^{\frac{\eta}{m} \cdot t} \tag{5.9}$$

mit beliebigen reellen Konstanten c_1 und c_2, also als Linearkombination der beiden gefundenen Einzellösungen, die wir locker als linear unabhängig erkennen. Diese Lösung merken wir uns für später.

Spezielle Lösung der inhomogenen Differentialgleichung

Das ist ein ziemlich kniffliger Punkt. Für mich gibt es da drei wesentliche Möglichkeiten, sich eine solche spezielle Lösung zu beschaffen.

1. Eine Lösung fällt uns nachts im Traum ein, Hokuspokus!

2. Der Nachbar verrät uns seine Idee.

3. Mit der Variation der Konstanten lässt sich prinzipiell eine spezielle
   Lösung ausrechnen, das ist aber meistens sehr aufwändig.

Hier hilft ein bisschen Nachdenken und Raten, um sich nicht die Nacht
um die Ohren zu schlagen. Im Traum passiert ja sowieso wenig. Wenn,
dann geschieht das im Halbschlaf.

Schauen wir noch mal unsere inhomogene Gleichung (5.5) genau und
lange an:

$$m \cdot g \cdot \sin \alpha - \eta \cdot \frac{dx(t)}{dt} = m \cdot \frac{d^2x(t)}{dt^2}.$$

Rechts steht eine zweite Ableitung. Probieren wir es doch mal mit einer
Funktion, deren zweite Ableitung verschwindet, also

$$x_{inhom}(t) = c \cdot t$$

mit einem beliebigem $c \in \mathbb{R}$. Dieses c richten wir jetzt so ein, dass auch
links null herauskommt. Setzen wir das in (5.5) ein, so erhalten wir

$$m \cdot g \cdot \sin \alpha - \eta \cdot c = 0.$$

Daraus berechnen wir leicht unser gesuchtes c:

$$c = \frac{m \cdot g \cdot \sin \alpha}{\eta}.$$

Jetzt haben wir eine spezielle Lösung, nämlich

$$x_{inhom}(t) = \frac{m \cdot g \cdot \sin \alpha}{\eta} \cdot t. \tag{5.10}$$

Sie können sich ja das Vergnügen gönnen und diese Lösung in (5.5) einsetzen.

Gesamtlösung der Differentialgleichung

Mit dem Superpositionssatz 5.1 von Seite 48 haben wir es nun leicht. Wir müssen ja nur die beiden Teillösungen (5.9) und (5.10) addieren:

$$x(t) = c_1 + c_2 \cdot e^{-\frac{\eta}{m} \cdot t} + \frac{g \cdot m \cdot \sin \alpha}{\eta} \cdot t. \qquad (5.11)$$

Einbau der Anfangsbedingungen

Das ist jetzt nur noch ein kleiner Akt, weil unsere Anfangsbedingungen ja so einfach sind:

$$x(0) = 0, \qquad dx(0)/dt = 0.$$

Diese beiden Gleichungen helfen uns bei der Bestimmung der beiden Konstanten c_1 und c_2.

$$x(0) = 0 \qquad \Longrightarrow \qquad c_1 + c_2 = 0, \iff c_1 = -c_2.$$

$$dx(0)/dt = 0 \qquad \Longrightarrow \qquad -\frac{\eta}{m} \cdot c_2 + \frac{g \cdot m \cdot \sin \alpha}{\eta} = 0.$$

Hieraus folgt

$$c_2 = \frac{g \cdot m^2 \cdot \sin \alpha}{\eta^2}, \qquad \text{und dann}$$

$$c_1 = -c_2 = -\frac{g \cdot m^2 \cdot \sin \alpha}{\eta^2}.$$

Als Ergebnis erhalten wir:

$$x(t) = -\frac{g \cdot m^2 \cdot \sin \alpha}{\eta^2} + \frac{g \cdot m^2 \cdot \sin \alpha}{\eta^2} \cdot e^{-\frac{\eta}{m} t} + \frac{g \cdot m \cdot \sin \alpha}{\eta} t$$

Uff, das ist ja richtig gräulich! Die Masse m steht an vier verschiedenen Stellen. Wie soll man da erkennen, welchen Einfluss sie hat? Wart's nur ab, Mr. Higgins, der Mathematiker wird's schon richten.

5.8   Diskussion der Lösung

Wir machen einen kleinen Trick:

Wir ersetzen die Exponentialfunktion durch ihre Potenzreihe.

Dabei wählen wir gleich das negative Vorzeichen wie in unserer Lösung:

$$e^{-z} = 1 - z + \frac{z^2}{2} - \frac{z^3}{6} + - \ldots$$

Jetzt kommt etwas Rechnerei, wenn wir das einsetzen. Auch wenn das normalerweise keinen Spaß macht, sollten Sie das hier durchführen; denn es liefert uns ein erstaunliches Ergebnis. Die ersten Terme heben sich gegenseitig weg, und es bleibt nur eine ziemlich einfache Gleichung für unsere Lösung:

Wir erhalten nämlich

$$
\begin{aligned}
x(t) \;=\; & -\frac{g \cdot m^2 \cdot \sin\alpha}{\eta^2} + \frac{g \cdot m^2 \cdot \sin\alpha}{\eta^2} - \frac{\eta}{m} \cdot \frac{g \cdot m^2 \cdot \sin\alpha}{\eta^2}\, t \\
& + \frac{g \cdot m^2 \cdot \sin\alpha}{\eta^2} \cdot \frac{\eta^2}{m^2} \cdot \frac{t^2}{2} - \frac{g \cdot m^2 \cdot \sin\alpha}{\eta^2} \cdot \frac{\eta^3}{m^3} \cdot \frac{t^3}{6} - + \ldots \\
& + \frac{g \cdot m \cdot \sin\alpha}{\eta}\, t
\end{aligned}
$$

Der erste und der zweite Term fressen sich auf. Der dritte Term ist gerade das Negative des letzten Terms, beide fressen sich ebenfalls. Es bleibt folgende Lösung – wir haben noch viel gekürzt –

$$x(t) = g \cdot \sin\alpha \cdot \frac{t^2}{2} - \frac{g \cdot \sin\alpha \cdot \eta}{m} \cdot \frac{t^3}{6} + - \ldots$$

Sie sind nicht begeistert und brechen nicht in Jubelstürme aus? Das sollten Sie aber; denn jetzt sind wir fertig mit unseren Radfahrern.

Schauen Sie genau hin. Die Masse m tritt erst im zweiten Term auf. Der erste Term ist bis auf die Konstante $g \cdot \sin \alpha$ gerade die gleichmäßig beschleunigte Bewegung. Erinnern Sie sich an die 11. Klasse? Das ist doch, wenn wir die Reibung vernachlässigen, voll zu erwarten, dass unsere Fahrer immer schneller werden, sogar quadratisch mit der Zeit t.

Im zweiten Term, der durch die Reibung hinzukommt, steht die Masse m im Nenner. Wenn der Nenner nun größer wird, wird bekanntlich der Bruch kleiner. Denken Sie an $\frac{1}{10}$ und $\frac{1}{100}$. Der ganze zweite Term ist also für den dicken Radfahrer kleiner. Und er wird subtrahiert! Das ist das Entscheidende. Für den dicken Radfahrer wird also weniger durch die Reibung subtrahiert als für den dünnen. Er kann also in der gleichen Zeit einen weiteren Weg zurücklegen.

Die restlichen Terme können wir vernachlässigen, denn sie spielen keine so große Rolle. Im Nenner steht ja die Fakultät der natürlichen Zahlen, und die wird furchtbar schnell furchtbar groß.

Jetzt haben wir das Phänomen vollständig aufgelöst. Unsere Kugeln haben sich also nicht naturwidrig verhalten, und die Mathematik kann alles erklären.

5.9 Zusammenfassung

Lassen Sie uns das noch einmal zusammenfassen. Zu Beginn hatten wir eine simple Erklärung mit der Hangabtriebskraft. Packen wir die mit dem Newton-Axiom zusammen, so kürzt sich die Masse heraus. Es ergäbe sich also eine Lösung, die unabhängig von der Masse ist. Das aber widerspricht unserer Erfahrung und dem Experiment mit den Kugeln.

Dann haben wir die normale Reibung eingebaut, konnten aber unser Experiment wieder nicht erklären.

Erst als wir die Stokes-Reibung, also doch den Luftwiderstand, hinzugenommen haben, wurde ein Schuh draus.

Haben Sie erkannt, was der Mathematiker wirklich macht? Er rechnet
schon zwischendurch, aber das ist nicht das Wesentliche. Entscheidend
ist die Interpretation des Ergebnisses. Noch entscheidender ist der kleine
Trick mit der Potenzreihe gewesen, der uns zur richtigen Interpretation
verholfen hat. Das sind die Stärken, die Mathematiker auszeichnen oder
auszeichnen sollten.

Kapitel 6

Mathematische Spielereien

Nach dem schweren Tobak mit Differentialgleichungen möchte ich Sie als Leserin oder Leser bei der Stange halten. Daher kommen in diesem Kapitel einige wirklich kleine, aber nichtsdestotrotz lustige und mathematisch angehauchte Spielereien, die Sie so nebenher mal im Freundeskreis oder am Biertisch vorführen können. Viel Spaß dabei.

6.1 Zahl erraten

Wir behaupten:

Satz 6.1 *Wenn wir von einer beliebigen Zahl ihre Quersumme subtrahieren, so ist das Ergebnis durch 9 ohne Rest teilbar.*

Das ist bei einer Zahl zwischen 10 und 100 sehr leicht einzusehen. Nehmen wir die Zahl 79. Um die Quersumme zu subtrahieren, subtrahieren wir auf jeden Fall die Einerzahl 9. Dann bleibt hinten die 0 stehen. Jetzt können Sie einfach alle Zehnerzahlen durchprobieren: Subtrahieren Sie von 70 die 7, so bleibt 63, was durch 9 teilbar ist.

Machen Sie es mathematischer, so schreiben wir die Zahl als $ab = 10 \cdot a + b$. Wir subtrahieren die Quersumme $a + b$. Also

$$10 \cdot a + b - (a + b) = 10 \cdot a - a = 9 \cdot a,$$

eine durch 9 teilbare Zahl.

Diese Überlegung müssen wir jetzt nur verallgemeinern auf beliebig lange Zahlen. Wir nehmen hier eine 5-stellige Zahl, könnten das aber nur mit etwas mehr Schreib-, aber keiner neuen Denkarbeit auf beliebig lange Zahlen ausweiten:

$$abcde = 10000 \cdot a + 1000 \cdot b + 100 \cdot c + 10 \cdot d + e.$$

Wir subtrahieren die Quersumme:

$$\begin{aligned} abcde &= 10000 \cdot a + 1000 \cdot b + 100 \cdot c + 10 \cdot d + e - (a + b + c + d + e) \\ &= 9999 \cdot a + 999 \cdot b + 99 \cdot c + 9 \cdot d \end{aligned}$$

Sehen Sie, dass in jedem Summanden im Vorfaktor die 9 enthalten ist? Damit ist die ganze Zahl natürlich durch 9 ohne Rest teilbar.

Damit können wir folgenden Trick anbieten:

> Wählen Sie sich eine beliebig lange Zahl, subtrahieren Sie davon ihre Quersumme. Streichen Sie in dieser Differenzzahl irgendeine Ziffer und bilden Sie vom Rest die Quersumme. Diese neue Quersumme nennen Sie mir bitte. Dann kann ich Ihnen sofort sagen, welche Ziffer Sie gestrichen haben.

Natürlich ein Beispiel:

- Sie denken sich 47285

- Davon ist die Quersumme $4 + 7 + 2 + 8 + 5 = 26$.

- Dies subtrahieren Sie: $47285 - 26 = 47259$.

- Sie streichen in dieser neuen Zahl die 5.

- Sie bilden wieder die Quersumme $4 + 7 + 2 + 9 = 22$.

- Ich sage Ihnen dann nur aus der Kenntnis dieser Zahl 22, dass Sie die 5 gestrichen haben. Wie komme ich darauf?

Nun, nach der ersten Subtraktion der Quersumme bleibt, wie wir oben gezeigt haben, eine durch 9 teilbare Zahl übrig. Aus der Schule kennen wir den Satz:

Satz 6.2 *Eine natürliche Zahl ist genau dann durch 9 ohne Rest teilbar, wenn ihre Quersumme ohne Rest durch 9 teilbar ist. Dasselbe gilt für die 3.*

Das können wir uns auch ganz schnell überlegen:

Nehmen wir eine dreistellige Zahl $abc = 100 \cdot a + 10 \cdot b + c$. Die schreiben wir jetzt als

$$
\begin{aligned}
abc &= 100 \cdot a + 10 \cdot b + c \\
&= (99 + 1) \cdot a + (9 + 1) \cdot b + c \\
&= \underbrace{99 \cdot a + 9 \cdot b} + \underbrace{a + b + c}
\end{aligned}
$$

Wenn wir jetzt annehmen, dass diese Zahl ohne Rest durch 9 teilbar ist, so sehen wir ja, dass der erste unterklammerte Anteil durch 9 teilbar ist, also muss auch der zweite unterklammerte Anteil, also unsere Quersumme durch 9 ohne Rest teilbar sein.

Wenn wir umgekehrt annehmen, dass die Quersumme $a + b + c$ der Zahl abc ohne Rest durch 9 teilbar ist, so addieren wir einfach den durch 9 teilbaren Anteil $99 \cdot a + 9 \cdot b$ hinzu und erhalten, dass auch die Gesamtzahl bei Division durch 9 keinen Rest lässt.

Zurück zu unserem Trick:

Durch die erste Differenzbildung haben wir, wie wir oben gesehen haben, eine durch 9 ohne Rest teilbare Zahl erhalten. Nach obigem Satz ist also ihre Quersumme durch 9 ohne Rest teilbar. Wenn Sie also von dieser Zahl eine Ziffer streichen und mir die neue Quersumme nennen, muss ich diese nur zum nächstgrößeren Vielfachen von 9 ergänzen. Das ist dann Ihre gestrichene Zahl.

Sie hatten mir oben im Beispiel die neue Quersumme 22 genannt. Ich ergänze sie mit 5 zu 27, die nächst größere durch 9 teilbare Zahl. Also ist 5 Ihre gestrichene Zahl. Alles klar?

6.2   Geburtstagsraten

Diesen Trick kann man mit großem Unterhaltungswert bei Partys vorführen.

> Verdoppeln Sie Ihre Geburtsmonatszahl, addieren Sie 5 und multiplizieren Sie das Ergebnis mit 50. Dann addieren Sie Ihre Schuhgröße hinzu.
>
> Nennen Sie mir diese Zahl, und ich sage Ihnen Ihren Geburtsmonat und Ihre Schuhgröße!

Nun, das ist ganz simpel: Nennen wir den Geburtsmonat m. Dann sollen Sie also rechnen:

$$(m \cdot 2 + 5) \cdot 50 + \text{Schuhgröße}$$

Das formen wir ein klein wenig nur um:

$$(m \cdot 2 + 5) \cdot 50 + \text{Schuhgröße}$$
$$m \cdot 2 \cdot 50 + 5 \cdot 50 + \text{Schuhgröße}$$
$$m \cdot 2 \cdot 50 + 250 + \text{Schuhgröße}$$
$$m \cdot 100 + 250 + \text{Schuhgröße}$$

Wenn man von dieser Zahl 250 subtrahiert, so erhalten wir

$$m \cdot 100 + \text{Schuhgröße.}$$

Wir können wohl davon ausgehen, dass niemand eine Schuhgröße über 99 hat, daher ergibt sich eine drei- (oder sogar vierstellige) Zahl. Die (Tausender- und) Hunderterziffer ist der Geburtsmonat, die Zehner- und die Einerziffer sind die Schuhgröße.

Lassen Sie sich also die Zahl nennen und subtrahieren Sie 250. Der Geburtsmonat und die Schuhgröße leuchten Ihnen dann entgegen.

6.3 Meine Lieblingszahl

Die Zahl 111 111 111, also 9 Einsen, hat eine einfach zu sehende Eigenschaft: sie hat die Quersumme 9, ist also durch 9 ohne Rest teilbar. Die Division ergibt

$$111111111 : 9 = 12345679$$

Das ist doch schon eine lustige Zahl: die Ziffern von 1 bis 9, allerdings ohne die 8.

Und damit können wir ein kleines Spielchen für unsere Biertischfreunde gestalten. Wir fragen jemanden nach seiner Lieblingszahl zwischen 1 und 9. Sagt er dann z. B. 7, so bitten Sie ihn, die Zahl 12345679, also nicht falsch machen, die Ziffern von 1 bis 9 schön nacheinander, aber ohne die

8, auf einen Bierdeckel zu schreiben und mit 63 zu multiplizieren. Zu seinem Erstaunen ergeben sich 9 Siebenen!

Klar, denn $63 = 9 \cdot 7$. Wenn er also mit 63 multipliziert, so kann er auch zuerst mit 9 multiplizieren, das ergäbe 111 111 111. Wenn er das dann noch mit 7 malnimmt, entsteht 777 777 777. Wir haben das nur etwas durch die Multiplikation mit 63 verschleiert.

6.4   Zahl „verdoppeln"

Bitten Sie Ihre staunende Öffentlichkeit um folgende kleine Rechnung:

Nehmen Sie eine dreistellige Zahl, multiplizieren Sie diese mit 7, dann das Ergebnis mit 11 und das neue Ergebnis noch mal mit 13.

Beispiel:

$$((123 \cdot 7) \cdot 11) \cdot 13 = (861 \cdot 11) \cdot 13 = 9471 \cdot 13$$
$$= 123\,123.$$

Ist das nicht lustig. Unsere Ausgangszahl hat sich „verdoppelt". Wie kommt denn das? War das vielleicht Zufall?

Wir rechnen

$$7 \cdot 11 \cdot 13 = 1001.$$

Multipliziert man also eine beliebige dreistellige Zahl mit $7 \cdot 11 \cdot 13 = 1001$, so wird sie einfach ‚verdoppelt'. Denn sie wird ja mit 1000 multipliziert, also hängt man nur drei Nullen hinten an. Dann wird noch mal mit 1 multipliziert, also die Ursprungszahl einfach addiert. Dadurch werden die drei Nullen überschrieben.

Rechnen Sie es einfach mal nach. Erst mit 1000, dann mit 1 malnehmen. Klar, dass das nur mit dreistelligen Zahlen passiert!

6.5 Quersumme

Wie lautet die Quersumme von

$$10^{2009} + 2009?$$

Das sieht nach einem schlimmen Rechenspiel aus; aber das Gegenteil ist der Fall. Hier muss man gar nicht rechnen, sondern nur ein wenig nachdenken.

Die erste Zahl 10^{2009} ist schrecklich groß, aber für die Quersumme brauchen wir nicht die Zahl selbst, sondern nur die einzelnen Ziffern. Die große Zahl besteht aber hauptsächlich aus Nullen, eben eine 1 mit 2009 folgenden Nullen. Deren Quersumme ist also 1. Wenn ich jetzt die Zahl 2009 addiere, so bleiben fast alle Nullen stehen, nur am Ende werden diese vier Ziffern über die letzten vier Nullen geschrieben. Die gesamte Quersumme ist also

$$1 + 0 + 0 + \ldots + 0 + 2 + 0 + 0 + 9 = 12.$$

Dabei ist es völlig egal, wie viele Nullen sich dazwischen rumtummeln.

Wenn Sie die Frage etwas schwieriger gestalten wollen, so fragen Sie Ihre Tischnachbarn nach der

$$\text{Quersumme von} \quad 10^{2009} - 2009?$$

Nach obigen Vorüberlegungen ist das jetzt ein Kinderspiel. Nach wie vor ist die Zahl 10^{2009} schrecklich groß, aber ihre Quersumme ist 1. Bilden Sie jetzt mal so als Beispiel

$$10\,000 - 2009 = 7991,$$

und genau so

$$10\,000\,000 - 2009 = 9\,997\,991,$$
$$10\,000\,000\,000 - 2009 = 9\,999\,997\,991$$

Was entdeckt unser Adlerauge? Die letzten vier Ziffern sind stets dieselben, nämlich 7991 mit der Quersumme $7 + 9 + 9 + 1 = 26$. Dann stehen davor eine Menge Neunen. Schauen Sie jetzt auf obige Beispiele, und Sie sehen doch das Bildungsgesetz. Haben wir 10^{10}, so ist das eine 1 mit 10 Nullen hinterher. (Im Straßenverkehr heißt die 1 die Muttersau, gefolgt von den 10 kleinen Ferkeln. Zu beobachten auf einsamen Landstraßen, wo sich solch ein Gefolge häufig hinter Lastwagen bildet.) Nach der Subtraktion von 2009 bleiben davon 6 Neunen und hinterher die Ziffern 7991 übrig. Subtrahieren wir unsere Jahreszahl 2009 von 10^{2009}, also von der Zahl 1 gefolgt von 2009 Nullen, so bleiben also $2009 - 4 = 2005$ Neunen und hinterher die Ziffern 7991. Die 2005 Neunen haben als Quersumme die Zahl $2005 \cdot 9 = 18\,045$. Dazu müssen wir noch die Quersumme der letzten vier Ziffern, also die Zahl 26 addieren, und das ergibt zusammen:

$$\text{Quersumme von} \quad 10^{2009} - 2009 \quad \text{ist} \quad 18\,071.$$

6.6   Clevere Multiplikation

Mit Hilfe der einfachen Klammerregel

$$(a + b) \cdot (c + d) = a \cdot c + a \cdot d + b \cdot c + b \cdot d$$

kann man sich leicht als wahrer Rechenkünstler präsentieren und damit alle Vorurteile über Mathematikerinnen und Mathematiker bestätigen. Mit obiger Formel ergibt sich z. B.

$$
\begin{aligned}
13 \cdot 17 &= (10 + 3) \cdot (10 + 7) \\
&= 10 \cdot 10 + 3 \cdot 10 + 7 \cdot 10 + 3 \cdot 7 \\
&= 10 \cdot (10 + 3 + 7) + 3 \cdot 7 \\
&= 10 \cdot 20 + 21 \\
&= 221
\end{aligned}
$$

Was also muss man rechnen? Wenn wir zwei Zahlen zwischen 10 und 19 miteinander multiplizieren wollen, so addieren wir zur ersten Zahl die Einerzahl der zweiten Zahl und multiplizieren das Ergebnis mit 10 (hinten eine 0 anhängen). Dann wird noch das Produkt der beiden Einerzahlen addiert.

$$13 \cdot 17 = (13 + 7) \cdot 10 + 3 \cdot 7 = 200 + 21 = 221$$

Derselbe Trick funktioniert, wenn man zwei Zahlen zwischen 20 und 29 miteinander multiplizieren will. Probieren wir es mit 23 und 27:

$$
\begin{aligned}
23 \cdot 27 &= (20 + 3) \cdot (20 + 7) \\
&= 20 \cdot 20 + 3 \cdot 20 + 7 \cdot 20 + 3 \cdot 7 \\
&= 20 \cdot (20 + 3 + 7) + 3 \cdot 7 \\
&= 20 \cdot 30 + 21 \\
&= 621
\end{aligned}
$$

Wir addieren also zur ersten Zahl die Einerzahl der zweiten Zahl und multiplizieren das Ergebnis mit 20 (verdoppeln und hinten eine 0 anhängen). Dann wird noch das Produkt der beiden Einerzahlen addiert.

Können Sie sich die Regel für die Multiplikation im Bereich 30 bis 39 selbst aufstellen?

6.7 Ein Streichholzrätsel

Ein sehr schönes Streichholzrätsel lässt bestimmt starke Sorgenfalten auf die Stirne ihrer Zechgenossen zaubern:

Verlegen Sie bitte bei der folgenden Figur ein Streichholz so, dass eine richtige Gleichheit entsteht:

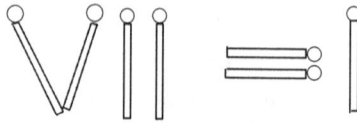

Abbildung 6.1: Ein Streichholzrätsel: Legen Sie ein Streichholz auf einen anderen Platz so, dass eine Gleichung entsteht.

Also eine leichte Idee ist es, ein Streichholz von links quer über das Gleichheitszeichen zu legen, so dass es zum Ungleichheitszeichen wird. Wir wollen aber Gleichheit haben.

In dieselbe Richtung geht die Pseudolösung, ein Streichholz von links so an das Gleichheitszeichen oben drüber zu legen, dass es zum Kleiner-oder-gleich-Zeichen wird. Aber immer noch wollen wir Gleichheit.

Nein, die wahre Lösung sieht so aus:

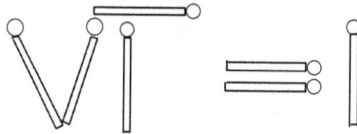

Abbildung 6.2: Die Lösung: Denken Sie nicht mehr an römische Zahlen, sondern an das Wurzelzeichen.

Wir benutzen, dass $\sqrt{1} = 1$ ist. Natürlich ist das Quadrat von -1 auch $+1$, also ist $\sqrt{1} = \pm 1$. Wir benutzen aber die allgemeine Übereinkunft in der Mathematik, dass mit dem Wurzelzeichen immer nur die positive Wurzel gemeint ist. So wird es im Freistaat Bayern sogar per Erlass für die Schulen geregelt.

Kapitel 7

Das geteilte Fahrrad

7.1 Die arme Familie

Es war einmal eine große Familie: Vater, Mutter und neun Kinder. Der Vater war ein biederer Dorfschulmeister, der sein Beamtengehalt redlich verdiente, aber elf Mäuler wollten gestopft werden. Die Kinder waren allesamt recht intelligent und sollten das Gymnasium besuchen. Dieses befand sich in einem Ort zehn Kilometer entfernt.

Leider fuhr kein öffentlicher Bus, der die Kinder zur Schule gebracht hätte. Aber es gab ja Fahrräder. Doch war die Familie nicht so reich, dass jedes Kind sein eigenes Fahrrad besaß. Da musste eifrig geteilt werden. Beispielsweise hatten zwei Kinder ein gemeinsames Fahrrad, so auch Ludolf und Christa. Aber wie sollte man damit geschickt und schnell zur Schule kommen?

Man konnte sich abwechseln. Am Montag fuhr Ludolf, am Dienstag strampelte Christa, am Mittwoch wieder Ludolf usw. Da die Schulwoche damals sechs Tage hatte, ging das gerecht auf. Aber wer zu Fuß gehen musste, hatte eine halbe Stunde früher aufzustehen. Das war jeden Morgen ein abwechselndes Knurren.

7.2   Die Teilungsidee

Da hatte eines Tages Christa die Idee und sagte:

> *Wir machen uns zugleich auf den Weg. Du, mein lieber Bru-*
> *der, darfst mit dem Fahrrad losdüsen. Bitte stelle es nach ei-*
> *nem Kilometer an den Straßenbaum und gehe weiter zu Fuß.*
> *Wenn ich dorthin komme, steige ich aufs Rad und überho-*
> *le Dich. Einen Kilometer weiter stelle ich das Rad für Dich*
> *an den Baum und laufe weiter per Pedes und Du darfst fah-*
> *ren und mich überholen usw. Das Spiel treiben wir, bis wir*
> *beide an der Schule ankommen. Dadurch sind wir erheblich*
> *schneller.*

7.3   Ein Gegenargument

Das hörte sich verblüffend an. Aber war es wirklich ein Zeitgewinn?

> *Die gesamte Strecke musste doch auf jeden Fall gelaufen wer-*
> *den. Das geschah zwar abwechselnd, aber ständig lief einer.*
> *Also bleibt doch alles beim Alten. Dieser Trick kann daher*
> *nicht zu einem Zeitgewinn führen.*

Hört sich klug an, aber ist es wirklich logisch?

7.4   Ein Argument dafür

Mit Hilfe der Geschwindigkeit kann man folgendermaßen argumentieren.

> *Betrachten wir nur mal Christa: Einen Teil der Strecke läuft*
> *sie mit der Geschwindigeit v_F, einen anderen Teil radelt sie*

mit der Geschwindigkeit v_R. Aus beiden Geschwindigkeiten können wir den Mittelwert bilden und erhalten die Gesamtgeschwindigkeit:

$$v_G = \frac{v_F + v_R}{2}.$$

Diese Geschwindigkeit ist dann auf jeden Fall größer als die Fußgeschwindigkeit v_F, also ist Christa schneller am Ziel.

Ich höre Sie aufstöhnen. „So doch nicht! Christa läuft und fährt doch ganz verschiedene Wege. So mit der mittleren Geschwindigkeit kann man nur argumentieren, wenn sie beide Male eine genau gleich lange Strecke fußt und radelt."

Also müssten wir auf jeden Fall unsere Bedingungen für das Radwechseln abändern.

Dann aber hört sich das doch klug an, oder ...

7.5 Flugzeug mit Gegenwind

Eine bekannte Rätselaufgabe lässt viele in dieselbe Falle tappen, die wir gerade oben mit der mittleren Geschwindigkeit aufgestellt haben.

Flugzeugaufgabe:

Ein Flugzeug fliegt bei völlig ruhiger Luft von A nach B mit der konstanten Geschwindigkeit v, dann ohne langen Verzug von B wieder nach A zurück mit derselben Geschwindigkeit.

Am nächsten Tag herrscht ein konstanter Wind v_W von A nach B. Wir wollen voraussetzen, dass $v > v_W$ ist, damit das Flugzeug wieder nach Hause kommt.

*Wieder fliegt unser Flieger die gleiche Strecke, jetzt aber von
A nach B mit dem Rückenwind v_W, dafür von B nach A
zurück mit dem Gegenwind v_W.*

Frage: *Ist er am zweiten Tag schneller, gleich schnell oder
langsamer?*

Wieder möchte man so gerne mit der mittleren Geschwindigkeit arbeiten,
was ja erlaubt scheint, da der Flieger zweimal genau die gleiche Strecke
fliegt. Außerdem ist es hier gar so einfach. Denn auf dem Hinweg hat er
die Geschwindigkeit

$$\text{Hinweg} \qquad v + v_W,$$

auf dem Rückweg dagegen die Geschwindigkeit

$$\text{Rückweg} \qquad v - v_W.$$

Zur Mittelbildung müssen wir jetzt nur beide Geschwindigkeiten addieren
und das Ergebnis durch 2 teilen:

$$\overline{v} = \frac{v + v_W + v - v_W}{2} = v.$$

Also schließt man locker, dass der Flieger im Mittel auch bei dem Windflug mit derselben Geschwindigkeit wie bei Windstille fliegt. Und daher
braucht er auch die gleiche Zeit!

Wieder benutzen wir für unser Argument die mittlere Geschwindigkeit.
Betrachten wir aber dazu folgendes Beispiel:

Ein Gegenbeispiel

Wir wollen eine Strecke von 100 km zurücklegen. Die ersten 50 km stram-
peln wir Fahrrad mit 10 km/h, also brauchen wir 5 Stunden.

Die zweiten 50 km fahren wie bequem, aber umweltschädlich mit dem Auto mit 100 km/h, wofür wir also eine halbe Stunde brauchen.

Zusammen sind wir so $5 + 1/2$ Stunden unterwegs.

Jetzt berechnen wir die mittlere Geschwindigkeit

$$(100\,\text{km/h} + 10\,\text{km/h})/2 = 55\,\text{km/h}.$$

Wenn wir 100 km mit der Geschwindigkeit 55 km/h fahren, brauchen wir weniger als zwei Stunden; denn in zwei Stunden sind wir ja schon 110 km weit gekommen.

Die mittlere Geschwindigkeit passt hinten und vorne nicht. Was machen wir bloß falsch?

Zeit ist reziprok zur Geschwindigkeit

Wenn wir zwei gleich lange oder auch ungleich lange Strecken irgendwie zurück legen, können wir ohne Zweifel die Zeiten für beide Strecken addieren, um die Gesamtzeit zu berechnen. Das geht linear und ohne Verluste. Jetzt aufpassen:

Es gilt doch

$$\text{Geschwindigkeit} = \frac{\text{Weg}}{\text{Zeit}}, \tag{7.1}$$

woraus sich sofort ergibt

$$\text{Zeit} = \frac{\text{Weg}}{\text{Geschwindigkeit}}. \tag{7.2}$$

Sehen Sie das Palaver? Die Zeit ist *nicht* proportional zur Geschwindigkeit – diese steht ja im Nenner –, sondern wie die Überschrift schon sagt:

Zeit ist umgekehrt proportional zur Geschwindigkeit.

Damit haben wir aber ein Problem mit der Linearität. Umgekehrt proportional widerspricht linear. Schon aus der Schule wissen wir doch, dass $\frac{1}{2} + \frac{1}{3} \neq \frac{2}{5}$ ist. Also müssen wir anders arbeiten.

Berechnung der Flugzeiten

Mit der Formel (7.2) berechnen wir jetzt für die beiden Wege des Flugzeugs von A nach B und wieder zurück von B nach A die benötigten Zeiten. Diese addieren wir und erhalten so die Gesamtzeit. Daraus können wir dann mit der Formel (7.1) wieder die mittlere Geschwindigkeit für die Gesamtstrecke berechnen.

Weil auf dem Flug von A nach B Rückenwind v_W herrscht, braucht man die Zeit

$$t_{AB} = \frac{s}{v + v_W}. \tag{7.3}$$

Analog beschert uns der Gegenwind auf dem Rückweg die Zeit

$$t_{BA} = \frac{s}{v - v_W}. \tag{7.4}$$

Als Gesamtzeit T ergibt sich damit

$$T = t_{AB} + t_{BA} = \frac{s}{v + v_W} + \frac{s}{v - v_W}.$$

Das formen wir ein wenig um mit Hilfe der Bruchrechnung

$$
\begin{aligned}
T \;=\; t_{AB} + t_{BA} &= \frac{s}{v + v_W} + \frac{s}{v - v_W} \\[2mm]
&= \frac{s \cdot (v - v_W) + s \cdot (v + v_W)}{(v + v_W) \cdot (v - v_W)} \\[2mm]
&= \frac{s \cdot v - s \cdot v_W + s \cdot v + s \cdot v_W}{v^2 - v_W^2} \\[2mm]
&= \frac{2 \cdot s \cdot v}{v^2 - v_W^2} \\[2mm]
&= \underbrace{\frac{2 \cdot s}{v}}_{t \text{ ohne Wind}} \cdot \underbrace{\frac{v^2}{v^2 - v_W^2}}
\end{aligned}
\tag{7.5}
$$

Im letzten Schritt haben wir eine kleine Erweiterung mit v vorgenommen. Jetzt sieht man die genaue Zusammensetzung der Formel. Der erste Term ist die Zeit, die das Flugzeug am Tag ohne Wind braucht. Der zweite Term ist der Verzögerungsfaktor.

Halt, warum Verzögerung? Nun, durch die Subtraktion des positiven Terms v_W^2 im Nenner wird der Nenner kleiner und somit kleiner als der Zähler. Dadurch wird der Bruch insgesamt größer als 1. Das bedeutet, dass die Zeit für den Windflug länger wird.

Berechnung der mittleren Fluggeschwindigkeit

Rechnen wir noch kurz die effektive mittlere Geschwindigkeit aus, die das Flugzeug bei Wind fliegt. Dazu betrachten wir noch mal die Formel (7.6), die wir ein bisschen anders schreiben (erinnern wir uns noch an Doppelbrüche?):

$$
T = \frac{2 \cdot s \cdot v}{v^2 - v_W^2} = \frac{2 \cdot s}{(v^2 - v_W^2)/v}.
$$

Jetzt haben wir es in der Form Zeit = Weg/Geschwindigkeit, und Sie sehen direkt, wie groß hier die mittlere Geschwindigkeit v_m ist, nämlich genau der Nenner:

$$v_m = \frac{v^2 - v_W^2}{v}.$$

Zur Kontrolle eine kleine Überlegungen: Ist kein Wind vorhanden ($v_W = 0$), so ist $v_m = v$, gut so.

7.6   Geteiltes Leid ist halbes Leid

Zurück zu Ludolf und Christa. Zunächst machen wir uns die Aufgabe mal viel einfacher.

Um richtig rechnen zu können, gehen wir davon aus, dass beide Geschwister genau gleich schnell laufen und genau gleich schnell radfahren.

Dann ist es doch am einfachsten, wir denken uns, dass Ludolf genau bis zur Hälfte des Weges fährt, dort das Rad an den Baum stellt und weiter zu Fuß trabt. Ludolf fährt also die halbe Strecke, die andere Hälfte läuft er. Da Christa ebenfalls die halbe Strecke läuft und die andere halbe fährt und beide beides genau gleich gut machen, kommen auch beide zugleich bei der Schule an.

Nehmen wir jetzt noch an, dass beide zu Fuß 5 km/h, mit dem Rad aber 15 km/h schaffen, so brauchen sie jeweils

für die 5 km zu Fuß eine Stunde und für die 5 km mit dem Rad 20 Minuten.

Insgesamt ist also jeder bei dem geteilten Rad eine Stunde und 20 Minuten unterwegs.

Wären sie die Strecke gelaufen, hätten sie jeweils glatte zwei Stunden gebraucht. Die ganze Strecke mit dem Fahrrad zu fahren, hätte 40 Minuten gedauert.

Christas Vorschlag war also ausgesprochen klug; denn beide kommen zugleich mit einer deutlich kürzeren Zeit bei der Schule an.

Da beide Strecken gleich lang sind, können wir hieraus bezogen auf die Zeit in der Tat den Mittelwert bilden und erhalten:

$$\frac{2 \text{ h} + 40 \text{ min}}{2} = 1 \text{ h} + 20 \text{ min.}$$

Halt, werden Sie einwenden, das galt doch nur, wenn sie jeweils das Rad nach der Hälfte tauschen. Oh, ja, so haben wir uns das Leben vereinfacht. Aber sie können doch jetzt die halbe Strecke wieder halbieren und nach einer Viertelstrecke tauschen. Dann sind beide exakt zur gleichen Zeit in der Mitte. Und mit demselben Trick sind sie auch zusammen an der Schule.

Das können Sie jetzt beliebig weiter unterteilen. Sie können also die Gesamtstrecke dritteln und dann wieder bis zur Hälfte jedes Drittels fahren oder laufen, ja, sie können die Gesamtstrecke beliebig in Teilstrecken aufteilen. Sie müssen nur beachten, dass beide genau gleich viel laufen und radfahren, das heißt also, dass sie jeweils die Hälfte der Teilstrecke laufen und die andere Hälfte radeln. Und damit stimmt unsere obige Rechnung für jede Aufteilung genau, und der Teilungstrick ist durchschaut. Er führt zwar nicht auf die halbe Zeit, daher ist unsere Überschrift dieses Abschnittes zu euphorisch. Aber niemand muss schon am frühen Morgen weinen, weil er oder sie eher aufstehen muss. Auf jeden Fall gilt also:

Geteiltes Fahrrad ist gerechter. Dank an Christa!

Kapitel 8

Die verrückten Buchnummern

8.1 Einleitung

Die ISBN-10

Im Jahre 1972 wurde für Bücher eine Nummer eingeführt, die **ISBN**, **I**nternational **S**tandard **B**ook **N**umber. Jedes Buch konnte und kann so an Hand einer 10-stelligen Nummer identifiziert werden. Darum heißt sie auch ISBN-10.

Diese 10-stellige Zahl wird in vier Gruppen aufgeteilt. Betrachten wir die Nummer des Buches

„Können Hunde rechnen?": ISBN 3-486-58021-3

Die erste Gruppe besteht in der Regel nur aus der ersten Ziffer. Sie bezeichnet die Sprache oder das Land. 3 steht für deutsch, aber 99953 für das Land Paraguay.

Die zweite Gruppe ist die Verlagsnummer. 486 ist der Oldenbourg Verlag München.

Die dritte Gruppe ist die eigentliche Buchnummer, die der Verlag vergibt.

Und das Geheimnis liegt in der vierten Gruppe, die wieder nur aus einer
Zahl besteht. Dies ist die sogenannte Prüfziffer.

ISBN-13

Weil man durch neu entstehende Verlage vor allem im osteuropäischen
und asiatischen Raum nicht mehr genügend Nummern frei hatte, wurde
im Jahre 2006 die neue ISBN-13 eingeführt, eine dreizehnstellige Nummer
für jedes neue Buch. Das machte man schlicht dadurch, dass man bei
Büchern vor die ISBN-10 die Zahlen 978 oder 979 setzte. Klar, dadurch
hatte man doppelt so viele Nummern zu Verfügung. Allerdings muss man
die Prüfziffer neu berechnen. Seit 1. Jan. 2007 werden alle Bücher mit
dieser neuen ISBN-13 ausgezeichnet.

„Natürlich gehören diese Nummern in ein Buch über Mathematik.
Schließlich sind doch Zahlen die Welt der Mathematik."

Bitte erlauben Sie mir, an dieser Stelle wieder einmal gegen dieses Vorurteil anzukämpfen. Zum Ersten beschäftigen sich Mathematiker nur ganz
selten mit Zahlen; unsere Bücher und Veröffentlichungen haben Seitenzahlen und wir nummerieren gerne unsere Definitionen und Sätze, damit
wir leicht darauf verweisen können. Aber Mathematik ist schließlich eine
Geisteswissenschaft. Und zum zweiten werden wir gleich zeigen, wo wirklich die Mathematik in diesen Buchnummern steckt. Die sind nämlich gar
nicht so dröge, wie sie ausschauen.

8.2   Typische Fehler bei Zahleneingaben

Will man heutzutage ein Buch bestellen, gibt der Buchhändler oder die
Buchhändlerin lediglich die ISBN in den Computer ein. Wie ärgerlich,
wenn dabei ein Fehler unterläuft.

Die beiden Hauptfehler bei der Eingabe der ISBN sind:

1. Eine Ziffer wird falsch eingegeben.

2. Zwei Nachbarzahlen werden vertauscht.

Mehr als 90 % der auftretenden Fehler bestehen aus diesen beiden.

Es wäre doch eine große Hilfe, wenn wir ein System hätten, das mindestens diese beiden Fehler merkt und dann meckert. Und genau das geschieht mit der 10. Stelle der ISBN-10 bzw. der 13. Stelle der ISBN-13. Sie ist eine sogenannte Prüfziffer. Zunächst eine kleine Nebenbemerkung.

Ein kleiner Taschenspielertrick

Zu diesem Verwechslungsproblem gibt es ein niedliches kleines Kartenkunststück, das so verwegen daher kommt, dass kaum jemand beim ersten Mal hinter die Schliche steigt.

Wir suchen aus einem normalen Kartenspiel die Karten Kreuz 7 und Pik 8 heraus, zeigen sie unseren Partnern und bitten sie, diese Karten, nachdem sie sich beide gut eingeprägt haben, mitten in das aufgefächerte Spiel hinein zu legen, also quasi zu verstecken. Wir nehmen die Karten ruhig zusammen, machen ein bisschen Hokuspokus und mit einem Schwung liegen beide Karten zur Verblüffung der Partner auf dem Tisch.

Der Trick ist ganz simpel, natürlich liegen nicht Kreuz 7 und Pik 8 auf dem Tisch, sondern Kreuz 8 und Pik 7.

Sie glauben gar nicht, wie leicht das durch geht. Kaum einer merkt sich diesen kleinen Unterschied. Sie müssen also nur zu Beginn heimlich Kreuz 8 und Pik 7 oben und unten auf den Kartenstapel platzieren. Halten Sie den Kartenstapel dann recht fest und wirbeln Sie das Päckchen etwas durch die Luft. Dann langsam locker lassen. Wenn Sie geschickt sind, also bitte etwas üben, fallen die mittleren Karten alle auf den Tisch. Nur die obere und die untere bleiben an Ihren Fingern kleben. Diese werfen Sie dann aufgedeckt auf die Tischplatte. Alles klar?

Sie können das natürlich auch mit Herz 10 und Karo 9 durchführen.

An diesem Spiel sehen Sie, wie leicht man doch zwei Nachbarzahlen vertauschen kann. Sind wir eigentlich alle heimliche Legasteniker?

8.3   Die Prüfziffer für ISBN-10

Die 10. Ziffer der ISBN-10 ist also eine Prüfziffer. Was prüft sie denn?

Nun, die Prüfziffer prüft, ob durch ein Versehen einer der beiden oben beschriebenen Fehler aufgetreten ist.

Wie funktioniert das? Dazu müssen wir erst mal klären, wie die Prüfziffer überhaupt entsteht.

Erste Berechnung

Hier zunächst der Algorithmus zur Berechnung der Prüfziffer der ISBN-10:

Erste Methode

1. Wir multiplizieren die erste Ziffer mit 1, die zweite mit 2, die dritte mit 3 usw. und schließlich die 9. mit 9.

2. Die so entstehenden Zahlen addieren wir allesamt.

3. Dann kommt das Spiel mit der 11. Wir teilen diese Summe durch 11.

4. Diese Division geht in der Regel nicht auf, wie man so sagt, es bleibt meistens ein Rest, also eine natürliche Zahl zwischen 0 und 10.

5. Dieser Rest ist unsere Prüfziffer.

6. Ist der Rest gleich 10, so schreiben wir die Prüfziffer römisch als X.

Wir nehmen als Beispiel die Prüfziffer unseres Buches „Können Hunde rechnen?": ISBN 3-486-58021-3 und berechnen die Prüfziffer:

$$
\begin{array}{rcrcr}
3 & \times & 1 & = & 3 \\
4 & \times & 2 & = & 8 \\
8 & \times & 3 & = & 24 \\
6 & \times & 4 & = & 24 \\
5 & \times & 5 & = & 25 \\
8 & \times & 6 & = & 48 \\
0 & \times & 7 & = & 0 \\
2 & \times & 8 & = & 16 \\
1 & \times & 9 & = & 9 \\
\hline
 & & \Sigma & & 157
\end{array}
$$

Jetzt dividieren wir 175 durch 11:

$$157 : 11 = 14 \quad \text{Rest } 3.$$

Der Rest 3 ist unsere Prüfziffer, wie Sie ja auch oben an der ISBN-10 sehen.

So geht das also. Na schön, das haut uns noch nicht vom Hocker.

Zweite Berechnung

Jetzt kommt der Punkt, an dem die Augen jedes Mathematikers ein Glitzern erhalten. Da wird häufig von einer zweiten Methode erzählt, wie das mit der Prüfziffer geht. Eine zweite Methode? Das kann man doch nicht machen, es sei denn, beide Methoden sind identisch!

Bei der zweiten Methode fängt man umgekehrt an:

Zweite Methode

1. Wir multiplizieren die erste Ziffer mit 10, die zweite mit 9, die dritte mit 8 usw. und schließlich die 9. mit 2.

2. Die so entstehenden Zahlen addieren wir allesamt.

3. Dann kommt wieder das Spiel mit der 11, also teilen wir diese Summe durch 11.

4. In der Regel bleibt hier wieder ein Rest, die Division geht nicht auf. Falls sie doch aufgeht, sagen wir, der Rest ist 0. Dann müssen wir das nicht mehr unterscheiden.

5. Hier nehmen wir jetzt als Prüfziffer die Ergänzung zu 11, also die Zahl 11 − Rest.

Wir berechnen wieder die Prüfziffer für unsere obigen ISBN:

ISBN 3-486-58021-3

$$
\begin{array}{rcrcr}
3 & \times & 10 & = & 30 \\
4 & \times & 9 & = & 36 \\
8 & \times & 8 & = & 64 \\
6 & \times & 7 & = & 42 \\
5 & \times & 6 & = & 30 \\
8 & \times & 5 & = & 40 \\
0 & \times & 4 & = & 0 \\
2 & \times & 3 & = & 6 \\
1 & \times & 2 & = & 2 \\
\hline
& & \Sigma & & 250
\end{array}
$$

Jetzt dividieren wir 250 durch 11:

$$250 : 11 = 22 \quad \text{Rest } 8.$$

Als Prüfziffer erhalten wir $11 - 8 = 3$.

Ist das nicht verwunderlich? War das Zufall, dass wir wieder zur selben Prüfziffer gelangt sind, oder ist das immer so?

Nun, ich schlage Ihnen vor, dass Sie das selbst noch an ein paar anderen Büchern aus Ihrem Bücherschrank überprüfen, um sicherer zu werden, dass Methode dahinter steckt.

Übrigens, die erste Auflage des Buches „Mathematik ist überall" hatte die ISBN: 3-486-57583-X. Prüfen Sie bitte, dass nach der Division durch 11 der Rest $10 = X$ übrig bleibt.

Dritte Berechnung

Hier berichten wir eigentlich nicht über eine weitere Berechnung der Prüfziffer, sondern wollen nur mal auf eine kleine Abwandlung hinweisen, wie man sie in Fachbüchern oder bei Wikipedia findet.

Wenn wir die vollständige ISBN-10 vorliegen haben, so rechnen wir folgendermaßen:

Dritte Methode

1. Wir multiplizieren die erste Ziffer mit 10, die zweite mit 9, die dritte mit 8 usw. und schließlich die 9. mit 2 und dann die 10., also die Prüfziffer mit 1.

2. Die so entstehenden Zahlen addieren wir allesamt.

3. Dann kommt wieder das Spiel mit der 11, also teilen wir diese Summe durch 11.

4. Wenn jetzt kein Rest bleibt, mathematisch also der Rest 0 ist, dann sind die ISBN und die Prüfziffer miteinander in Einklang.

Bei dieser Methode muss also die Prüfziffer gegeben sein. Dann ist es möglich, eine ISBN mit ihrer Prüfziffer auf Verträglichkeit zu prüfen. So wird es vermutlich in den Rechnern der Buchhändler benutzt.

Beweis der Äquivalenz

Offenkundig ist die dritte Methode mit der zweiten identisch, es ist ja nur eine klitzekleine Änderung im Vorgehen. Statt die Prüfziffer aus einer Differenz zu ermitteln, wird die Summe gebildet und dann geprüft, ob der Rest 0 ist.

Aber die erste Methode und die zweite Methode hören sich doch richtig verschieden an. Beispiele zeigen uns, dass man beide Male dieselbe Prüfziffer erhält, aber Beispiele sind noch keine Sicherheit.

Das Glitzern in den mathematisch gebildeten Augen wird strahlend, wenn wir uns sagen: Das wollen wir doch mal sehen. Wir werden das beweisen oder widerlegen. Eher ruhen wir nicht.

Das beweisen wir jetzt richtig formell in zwei Schritten.

1. Wir überlegen uns, dass die zweite Methode aus der ersten folgt – Hinrichtung (sagt man wirklich so in der Mathematik).

2. Dann werden wir uns klarmachen, dass auch umgekehrt die erste Methode aus der zweiten folgt – Rückrichtung.

Zu 1.: Wir gehen davon aus, dass wir die Prüfziffer nach der ersten Methode berechnet haben. Wir benennen, nur damit wir nicht so rumeiern müssen, die einzelnen Ziffern der ISBN mit $a_1, \ldots, a_9$ und p für Prüfziffer.

Dann haben wir also nach Methode 1 zu rechnen:

$$(1 \cdot a_1 + 2 \cdot a_2 + \cdots + 9 \cdot a_9) : 11 = k \text{ mit Rest } p. \qquad (8.1)$$

Dabei ist k irgendeine natürliche Zahl ≥ 0.

Das können wir etwas geschickter schreiben als

$$1 \cdot a_1 + 2 \cdot a_2 + \cdots + 9 \cdot a_9 = 11 \cdot k + p. \qquad (8.2)$$

Noch eine kleine Umformung ergibt

$$1 \cdot a_1 + 2 \cdot a_2 + \cdots + 9 \cdot a_9 - 11 \cdot k - p = 0. \qquad (8.3)$$

Wir wissen also, dass die ganze linke Seite verschwindet.

Die Methode 3 (bzw. die dazu äquivalente Methode 2) fordert uns auf zu zeigen, dass der folgende Ausdruck

$$10 \cdot a_1 + 9 \cdot a_2 + \cdots + 2 \cdot a_9 + 1 \cdot p \qquad (8.4)$$

bei Division durch 11 keinen Rest lässt, also ein Vielfaches von 11 ist.

Wir machen nichts falsch, wenn wir zu diesem Ausdruck 0 addieren, also unsere linke Seite in Gleichung (8.3):

$$
\begin{aligned}
& 10 \cdot a_1 + 9 \cdot a_2 + \cdots + 2 \cdot a_9 + 1 \cdot p \\
+\ & 1 \cdot a_1 + 2 \cdot a_2 + \cdots + 9 \cdot a_9 - 11 \cdot k - p \\
=\ & 11 \cdot a_1 + 11 \cdot a_2 + \cdots + 11 \cdot a_9 + p - 11 \cdot k - p \\
=\ & 11 \cdot (a_1 + a_2 + \cdots + a_9 - k)
\end{aligned}
$$

Die Klammer im letzten Ausdruck ist offensichtlich eine ganze Zahl. Im Extremfall könnte sie sogar negativ sein, das ist uns aber egal;

denn der Faktor 11 sagt uns, dass unser Term in (8.4) durch 11 ohne Rest teilbar ist, was wir zeigen wollten.

Haben Sie den entscheidenden Trick mitbekommen? Wir haben den Term (8.3), also 0 addiert und damit alles auf das 11fache gebracht. Die Prüfziffer wurde addiert und subtrahiert.

Zu 2. Jetzt gehen wir umgekehrt davon aus, dass wir die Prüfziffer mit der Methode 2 berechnet haben, ach nein, lassen Sie uns gleich mit Methode 3 starten, ist doch egal.

Wir wissen also, dass der Term

$$10 \cdot a_1 + 9 \cdot a_2 + \cdots + 2 \cdot a_9 + 1 \cdot p \qquad (8.5)$$

ein Vielfaches von 11 ist, es gibt also sicher eine Zahl $k \geq 0$ mit

$$10 \cdot a_1 + 9 \cdot a_2 + \cdots + 2 \cdot a_9 + 1 \cdot p = 11 \cdot k. \qquad (8.6)$$

Das formen wir wieder ein klein wenig um und schreiben:

$$10 \cdot a_1 + 9 \cdot a_2 + \cdots + 2 \cdot a_9 + 1 \cdot p - 11 \cdot k = 0. \qquad (8.7)$$

Wir müssen zeigen, dass der Term

$$1 \cdot a_1 + 2 \cdot a_2 + \cdots + 9 \cdot a_9 - p \qquad (8.8)$$

ein Vielfaches von 11 ist. Wir bedienen uns des gleichen Tricks wie schon oben bei der Hinrichtung (wir sind jetzt ja bei der Rückrichtung!). Wir addieren die 0, also die linke Seite von (8.7) und erhalten

$$\begin{aligned}
& 1 \cdot a_1 + 2 \cdot a_2 + \cdots + 9 \cdot a_9 - p \\
+ \quad & 10 \cdot a_1 + 9 \cdot a_2 + \cdots + 2 \cdot a_9 + 1 \cdot p - 11 \cdot k \\
= \quad & 11 \cdot a_1 + 11 \cdot a_2 + \cdots + 11 \cdot a_9 + p - 11 \cdot k - p \\
= \quad & 11 \cdot (a_1 + a_2 + \cdots + a_9 - k)
\end{aligned}$$

und wieder sehen wir wie oben, dass wir ein Vielfaches von 11 erhalten haben. Unser Beweis ist vollständig erbracht.

Das war doch wirklich nicht schwer, aber richtige Mathematik und nicht nur bloßes Rumgerechne. Meine Hoffnung ist, dass Sie, liebe Leserin, lieber Leser, das nicht nur verstanden haben, sondern dass Sie auch Freude und Vergnügen dabei hatten, solch einen Beweis zu durchdringen. Dann sind Sie auf dem besten Wege, das unbekannte Wesen der Mathematik zu verstehen.

8.4 Die Prüffunktion

Obige Überlegung war sehr reizvoll für einen Mathematik-Freak. Aber hilft uns dieses Nachdenken bei dem Problem, falsche Eingaben zu vermeiden?

Prüfung auf eine falsche Zahl

Oh ja, es hilft wirklich. Wir formulieren unsere Behauptung sogar als festen Satz, den wir dann anschließend natürlich beweisen müssen und werden. Auch das wird Ihnen hoffentlich Spaß machen. Lassen Sie sich bitte nicht abschrecken.

Satz 8.1 *Wenn wir eine einzige Ziffer in der Eingabe der ersten neun Ziffern der ISBN-10 ändern, kommt garantiert eine andere Prüfziffer als 10. Ziffer heraus.*

Wenn wir eine einzelne Ziffer unter den ersten neun betrachten, nennen wir sie a, so wird diese ja mit einer Zahl multipliziert, bei der Methode 1 ist es gerade die Nummer der Stelle, an der sie steht, nennen wir diese k. Das Produkt $a \cdot k$ ist einer der Summanden in der Gesamtsumme.

Machen wir nun einen Eingabefehler der Form, dass wir hier eine andere Zahl eintippen, statt a tippen wir $b \neq a$, so ändert sich dieser Faktor und nur dieser, alle anderen bleiben ungeändert. Wir müssen uns also auch nur um diesen einen Faktor kümmern, wenn wir die Änderung der Prüfziffer untersuchen wollen.

Wir behaupten in unserem Satz, dass sich die Prüfziffer ändert. Nehmen wir mal an, sie täte es nicht, sondern beide Male käme dieselbe Prüfziffer heraus. Dann hieße das doch, dass die Differenz dieser beiden Faktoren ein Vielfaches von 11 wäre, also

$$a \cdot k - b \cdot k = (a - b) \cdot k = m \cdot 11$$

mit einer natürlichen Zahl $m \geq 0$.

Der Faktor 11 muss also auch in der linken Seite drinstecken und damit in dem Produkt $(a - b) \cdot k$.

Aber k ist eine Zahl größer als 0 und kleiner oder gleich 9, $0 < k \leq 9$, kann also nicht den Faktor 11 enthalten. Der andere Term $a - b$ ist auf jeden Fall von 0 verschieden (zum Glück, weil er sonst den Faktor 11 enthielte, $0 \cdot 11 = 0$!). a und b sind Zahlen zwischen 0 und 9, ihre Differenz kann nicht größer als 9 oder kleiner als -9 werden. Dort steckt auch keine 11 als Faktor.

Wir haben einen Widerspruch gefunden! Also ist unsere Annahme, dass sich die Prüfziffer nicht ändert, nicht haltbar. Sie ändert sich doch, und genau das wollten wir zeigen.

Bemerkung 8.1 *Wir sehen an unserem Beweis sofort, dass bei Änderung von zwei Zahlen durchaus über 11 hinausgegangen werden kann und sich so wieder die gleiche Prüfziffer ergeben kann. Eine Erweiterung unseres Satzes auf zwei falsche Eingaben ist also nicht möglich. Dazu müssten wir einen neuen Test erfinden.*

Prüfung auf Vertauschen zweier Nachbarzahlen

Auch die zweite Hauptfehlerquelle, das Vertauschen zweier Nachbarziffern, wird mit der Prüfziffer sicher aufgedeckt.

Satz 8.2 *Wenn wir zwei benachbarte Ziffern in der Eingabe der ersten neun Ziffern der ISBN-10 vertauschen, kommt garantiert eine andere Prüfziffer als 10. Ziffer heraus.*

Auch das wollen wir überprüfen. Nehmen wir an, wir haben da die beiden Nachbarzahlen a und b in der ISBN-10. a stehe an der k-ten Stelle und b stehe rechts von a und $a \neq b$, sonst wäre das Vertauschen ja egal.

Dann wird bei der Berechnung der Prüfziffer nach Methode 1 die Zahl a mit k und die Zahl b mit $k + 1$ multipliziert. Wenn wir a mit b (dummerweise) vertauschen, wird b mit k und a mit $k + 1$ multipliziert. Beibt dabei die Prüfziffer gleich?

Nehmen wir wieder an, dass sich bei diesem Vertauschen die Prüfziffer nicht ändert, so müsste wieder die Differenz der beiden Rechnungen $a \cdot k + b \cdot (k + 1)$ bzw. $b \cdot k + a \cdot (k + 1)$ durch 11 ohne Rest teilbar sein, weil sich ja bei der Differenzbildung der Rest gegenseitig auffrisst, also

$$a \cdot k + b \cdot (k + 1) - (b \cdot k + a \cdot (k + 1)) = m \cdot 11$$

mit einer natürlichen Zahl $m \geq 0$.

Die linke Seite können wir stark vereinfachen:

$$\begin{aligned}
& a \cdot k + b \cdot (k + 1) - (b \cdot k + a \cdot (k + 1)) \\
&= a \cdot k + b \cdot k + b - b \cdot k - a \cdot k - a \\
&= b - a.
\end{aligned}$$

In der Differenz $b - a$ müsste also der Faktor 11 enthalten sein. a und b sind aber Zahlen zwischen 0 und 9, ihre Differenz ist ganz sicher von 0 verschieden, da $a \neq b$ ist, und ist kleiner oder gleich 9 und größer oder gleich -9, da ist meilenweit kein Faktor 11 zu sehen.

Wieder haben wir einen Widerspruch zu unserer Annahme aufgedeckt, dass sich die Prüfziffer nicht ändert. Sie ändert sich also, und wir haben alles bewiesen.

8.5   Die Prüfziffer für ISBN-13

Bei der Prüfziffer ISBN-13 hat man sich das Leben viel einfacher gemacht. Die Division durch 11 zählt ja auch schon fast zur höheren Mathematik, wenn Sie mir diese Lästerei erlauben.

Tatsächlich handelt man nur noch mit einer Division durch 10. Das kann man im Kopf. Außerdem hat man die Multipliziererei wesentlich vereinfacht. Man benutzt nur noch die Faktoren 1 und 3.

Da fragt sich der Mathematiker natürlich, ob diese Vereinfachung nicht auch Auswirkungen auf die Prüffunktionen hat. In der Regel gilt doch:

Von nix kommt nix!

Wir werden sehen, dass dieser Grundsatz auch hier für die simplere Methode der ISBN-13 gültig bleibt.

Berechnung der ISBN-13

Hier zunächst der Algorithmus zur Berechnung der Prüfziffer der ISBN-13:

Berechnungsmethode

1. Wir multiplizieren die erste Ziffer mit 1, die zweite mit 3, die dritte mit 1, die 4. mit 3 usw. und schließlich die 12. mit 3.

2. Die so entstehenden Zahlen addieren wir allesamt.

3. Dann kommt hier das Spiel mit der 10. Wir teilen diese Summe durch 10.

4. Diese Division geht in der Regel nicht auf, wie man so sagt, es bleibt meistens ein Rest, also eine natürliche Zahl zwischen 0 und 9.

5. Die Zahl $(10 - \text{Rest})$ ist unsere Prüfziffer.

6. Sonderfall: Ist der Rest gleich 0, so nehmen wir als Prüfziffer die 0.

Will man das im Kopf nachrechnen, so wird man also die 1., die 3. usw. und die 11. Ziffer einfach addieren, dann wird man die 2., die 4. usw und dann die 12. addieren, diese Summe mit 3 multiplizieren und das ganze zur ersten Summe addieren. Dann durch 10 teilen und die Nachkommastelle betrachten. Ist sie 0, so ist 0 unsere Prüfziffer. Ist sie nicht 0, so ist 10 minus dieser Nachkommastelle die Prüfziffer.

Als Beispiel nehmen wir unser Buch „Mathematik ist überall" mit der

ISBN-13: 978-3-486-58243-7

und prüfen, ob die Prüfziffer 7 ihren Namen verdient. Also rechnen wir

$$9 + 8 + 4 + 6 + 8 + 4 = 39, \qquad 3 \cdot (7 + 3 + 8 + 5 + 2 + 3) = 3 \cdot 28 = 84.$$

Dann ist

$$\text{mit} \qquad (39 + 84) : 10 = 12,3 \qquad \text{die Prüfziffer} \qquad 10 - 3 = 7,$$

wie es auf das Buch aufgedruckt ist.

8.6   Die Prüffunktion

Prüfung auf eine falsche Zahl

Was kann diese Methode nun wirklich? Sie ist ja wesentlich einfacher per Kopf durchzurechnen. Hilft sie die obigen Fehler zu vermeiden? Wir prüfen das jetzt nach und beweisen zuerst den parallelen Satz zur ISBN-10:

Satz 8.3 *Wenn wir eine einzige Ziffer in der Eingabe der ersten zwölf Ziffern der ISBN-13 ändern, kommt garantiert eine andere Prüfziffer als 13. Ziffer heraus.*

Das ist ziemlich einfach nachzuvollziehen. Wenn wir eine Ziffer ändern, kann nur dieselbe Prüfziffer entstehen, wenn wir ein Vielfaches von 10 hinzuaddieren oder subtrahieren.

Wenn wir eine Ziffer, die mit 1 multipliziert wird, ändern, kann das nicht passieren, denn wir ändern ja höchstens die 0 zur 9 oder umgekehrt. Daher ändern wir die Gesamtsumme höchstens um 9; da kommt natürlich eine andere Endziffer heraus.

Wenn wir eine Ziffer, die mit 3 multipliziert wird, ändern, gehen wir in der Summe über die 10 hinaus. Hier könnte also wieder dieselbe Prüfziffer herauskommen. Aber!

Schauen wir uns mal das Dreier-Einmaleins an:

$$3 \quad 6 \quad 9 \quad 12 \quad 15 \quad 18 \quad 21 \quad 24 \quad 27 \quad 30$$

Es geht ja bei der Prüfziffer nur um die letzte Ziffer. Schauen wir uns diese also genauer an, vielleicht sortieren wir sie im Geiste der Größe nach. Was erkennt unser Adlerauge? Richtig, es kommen alle Zahlen von

0 bis 9 ohne Ausnahme als Endziffern vor, aber was das Wichtige ist, keine kommt zweimal vor. Unsere Änderung einer einzigen Zahl bringt also auch hier garantiert eine andere Prüfziffer.

Damit haben wir alles überlegt.

Prüfung auf Vertauschen zweier Nachbarzahlen

Das mit der einen vertippten Zahl sieht gut aus, der viel einfachere Test findet diesen Fehler auch heraus. Wenn jetzt auch noch der Vertauscherfehler aufgedeckt würde, hätten wir fast das Ei des Kolumbus gefunden: ein viel einfacherer Test, der aber genauso gut ist. Aber bitte nicht vorschnell urteilen, erst nachdenken. Das liebt doch die Mathematikgemeinde.

Nehmen wir zwei Nachbarzahlen und nennen sie a und b, es sei dabei b rechts von a. Nehmen wir ferner an, dass a mit 1 und b mit 3 multipliziert wird. Wir rechnen also

$$1 \cdot a + 3 \cdot b.$$

Wenn wir beide Zahlen vertauschen, müssen wir rechnen

$$1 \cdot b + 3 \cdot a.$$

Nehmen wir jetzt an, dass sich die Prüfziffer dabei nicht ändert, so werden wir hoffentlich einen Widerspruch finden, also eine unsinnige Aussage.

Dann wäre doch die Differenz der beiden Ausdrücke, weil sich ja bei beiden derselbe Zehnerrest einstellen würde, ein Vielfaches von 10, kein Rest, also

$$1 \cdot a + 3 \cdot b - (1 \cdot b + 3 \cdot a) = 2 \cdot (b - a).$$

Damit wir unsere Annahme widerlegen, dürfte das nur für den simplen Fall $a = b$ möglich sein. Für diesen Fall dürfen wir natürlich vertauschen, wir vertauschen ja dabei gar nicht in echt. Aber was ist denn z. B. mit $a = 3$ und $b = 8$? Richtig, dann ist $b - a = 5$ und das mal 2 ist 10. Wenn wir also zwei Nachbarzahlen 3 und 8 haben und diese vertauschen, kommt wieder derselbe Zehnerrest bei unserer Rechnung heraus, also dieselbe Prüfziffer. Ha, wir haben sie gepackt, die wilden Vereinfacherer. Natürlich sehen Sie richtig, dass auch Nachbarzahlen 0 und 5 bzw. 1 und 6 bzw. 2 und 7 bzw. 4 und 9 jeweils zur selben Prüfziffer beim Vertauschen führen. Alle anderen Kombinationen bringen uns verschiedene Prüfziffern.

Wir könnten also einen Satz formulieren, dass dieser Test auch das Vertauschen aufdeckt, wenn wir obige Kombinationen herausnehmen, aber das ist doch etwas mager. So einen Satz mögen wir nicht.

Nein, wir halten fest:

> Die Methode zur Berechnung der Prüfziffer bei der ISBN-13 kann leider nicht immer das Vertauschen zweier Nachbarzahlen aufdecken.

8.7   Bemerkungen zum Bar-Code

Der Bar- oder Strichcode ist heutzutage auf allem, was man kaufen kann, aufgedruckt. Er heißt auch EAN-13-Barcode. Auch hier ist die letzte Ziffer eine Prüfziffer, die sich so wie die Prüfziffer der ISBN-13 berechnet mit derselben Einschränkung an die Prüffähigkeit beim Zahlenvertauschen.

8.8   Schlussbemerkung

Na, hätten Sie erwartet, dass Sie hier so viel Mathematik bekommen, als Sie die Überschrift gelesen haben? Jedes Mal, wenn Sie einkaufen, läuft im Hintergrund an der Kasse viel Mathematik ab. Sie ist eben wirklich überall!

Wir sollten noch erwähnen, dass man mit Hilfe der modulo-Rechnung aus der Zahlentheorie alle Überlegungen sehr viel kürzer darstellen kann, aber dann hätten wir eben erst ein Kapitel Zahlentheorie einschieben müssen.

Kapitel 9

Wie knacke ich den Jackpot?

9.1 Einleitung

Jackpot 35 Millionen. Wow, das macht uns heiß und verführt zum Spielen. Es geht um Lotto, dieses Spiel, wo man aus den Zahlen 1 bis 49 sechs Zahlen raussuchen muss, die dann – seit dem 9. Okt. 1955 – am kommenden Samstag oder – seit dem 28. April 1982 – am kommenden Mittwoch von einer obskuren Maschine hoffentlich gezogen werden. Das ist doch simpel, gerade mal sechs von 49 Zahlen. Das ist ja kinderleicht. Vor allem, weil ja viele Kombinationen nie dran kommen. Zum Beispiel werden ja wohl nie die Zahlen von 1 bis 6 in einer Ziehung fallen. Das wäre ja völlig absurd. Das glaubt kein Mensch. Genauso selten werden überhaupt sechs aufeinanderfolgende Zahlen gezogen. Die sechs Zahlen sind immer irgendwie gleich über die 49 Zahlen verteilt.

Solche Argumente, deren es noch viele weitere gibt, kommen uns locker daher, wenn wir das Wort „Lotto" in den Mund nehmen. Aber sind das echte Argumente?

Ein Fünfer

„Nie kommen die Zahlen 1, 2, 3, 4, 5, 6!"

Nun, allein schon die Geschichte der Lottoziehungen belehrt uns eines Besseren. Am Samstag, 10. April 1999, wurden gezogen:

$$\textbf{2 \quad 3 \quad 4 \quad 5 \quad 6 \quad 26}$$

Da fehlt noch die 1, um das Unvorstellbare wahr zu machen, aber ein Fünfer, also fünf aufeinanderfolgende Zahlen, ist schon fast so unwahrscheinlich. Wir sollten dazu sagen, dass es der einzige Fünfer in der bisherigen Geschichte der Lottoziehungen ist, und es gab tatsächlich noch keine Sechserreihe.

Immerhin sollte diese Ziehung unser Weltbild von der Unwahrscheinlichkeit bestimmter Ereignisse etwas erschüttern. So einfach ist es nicht.

9.2   Wie viele mögliche Tippreihen gibt es?

Wenn wir eine Zahl aus 49 Zahlen aussuchen wollen, so haben wir natürlich 49 Möglichkeiten. Wollen wir eine zweite dazu suchen, so bleiben jetzt nur noch 48 Zahlen übrig. Zusammen haben wir also

$$49 \cdot 48$$

Möglichkeiten.

Das geht so locker weiter. Für die dritte Zahl bleiben uns noch 47 Zahlen, schließlich für die 6. Zahl noch 44 Möglichkeiten. Das sind zusammen

$$49 \cdot 48 \cdot 47 \cdot 46 \cdot 45 \cdot 44.$$

Beim Lotto ist es uns aber doch egal, in welcher Reihenfolge die sechs Zahlen gezogen werden. Hauptsache, es sind unsere Zahlen. Nun, eine Zahl kann man nur auf eine Art ziehen. Bei zwei Zahlen hat man zwei Möglichkeiten. Die Zahlen 1 und 2 können Sie auch in der Reihenfolge 2 und 1 ziehen. Bei drei Zahlen, nennen wir sie 1,2 und 3, gibt es bereits sechs Möglichkeiten, sie nacheinander zu ziehen:

$$123, \quad 132, \quad 213, \quad 231, \quad 312, \quad 321$$

wie Sie wohl leicht nachvollziehen können. Diese Anzahl 6 ergibt sich als Produkt von $1 \cdot 2 \cdot 3$. Und auch das verallgemeinern wir schnell auf sechs Zahlen. Dort gibt es $1 \cdot 2 \cdot 3 \cdot 4 \cdot 5 \cdot 6$ Möglichkeiten. Mathematiker benutzen zur kürzeren Schreibweise dafür:

$$6! = 1 \cdot 2 \cdot 3 \cdot 4 \cdot 5 \cdot 6,$$

und wir lesen das als „sechs Fakultät". Übrigens ergibt sich durch Ausrechnen $6! = 720$.

Für unsere Lottoziehung bedeutet das nun, dass jede Kombination von sechs Zahlen auf 720 verschiedene Arten von der Lottomaschine gezogen werden kann. Diese 720 verschiedenen Möglichkeiten führen also jedes Mal zur selben Sechserreihe. Sie müssen wir daher jeweils in einen Topf zusammenstecken. Das heißt, wir müssen die Gesamtzahl der verschiedenen Sechserreihen durch 720 dividieren, um so zur Zahl der echten Sechserreihen zu kommen. Wir haben also den Satz:

Satz 9.1 *Es gibt im Lotto „6 aus 49" genau*

$$\frac{49 \cdot 48 \cdot 47 \cdot 46 \cdot 45 \cdot 44}{1 \cdot 2 \cdot 3 \cdot 4 \cdot 5 \cdot 6}$$

in echt verschiedene Lottosechsertippreihen.

Diesen ganzen schrecklichen Bruch kürzen wir in der Mathematik wiederum ab, um uns die Schreibarbeit zu erleichtern. Wir nennen ihn einen Binomialkoeffizienten.

Definition 9.1 (Binomialkoeffizient) *Unter dem Binomialkoeffizienten n über k verstehen wir die Zahl*

$$\binom{n}{k} := \frac{n \cdot (n-1) \cdot \ldots \cdot (n-(k-1))}{1 \cdot 2 \cdot \ldots \cdot k} \tag{9.1}$$

Als Merkregel, welche Faktoren im Zähler und im Nenner stehen, bietet sich Folgendes an: Die untere Zahl k gibt an, wie viele Faktoren sowohl im Zähler als auch im Nenner stehen. Im Zähler geht es von n ab rückwärts, im Nenner von 1 an aufwärts.

Dass der Name von Herrn Binomi stammt, ist ein alter Scherz. Richtig ist, dass dieser Begriff aus dem Lateinischen kommt: *Bi* heißt zweimal und *nomen* heißt Name.

Für unseren Lottosechser heißt das alles: Um sechs Zahlen aus 49 ohne Zurücklegen zu ziehen, wobei es auf die Reihenfolge nicht ankommt, gibt es 49 über 6 Möglichkeiten, und das sind

$$\binom{49}{6} := \frac{49 \cdot 48 \cdot \ldots \cdot 44}{1 \cdot 2 \cdot \ldots \cdot 6}. \tag{9.2}$$

Zur Berechnung dieser Zahl nehmen wir unseren Knecht, den Taschenrechner, und tippen das ein. Aber halt, nicht so einfach losrechnen. Immer erst nachdenken.

Wenn Sie den Zähler allein ausrechnen wollen, kann es Ihnen mit Ihrem Taschenrechner passieren, dass er plötzlich in die sog. Exponentialdarstellung rutscht. Das machen die kleinen Kerle immer dann automatisch, wenn die Zahl, die sie anzeigen sollen, zu lang wird. Dann aber gehen die hinteren Stellen verloren. Locker sieht man doch, dass wir bei diesem Bruch kürzen können. $2 \cdot 4 \cdot 6 = 48$. 48 kürzt sich also weg. $1 \cdot 3 \cdot 5 = 15$. Wir kürzen das mit 45, müssen jetzt also nur noch die Zahl ausrechnen:

$$49 \cdot 47 \cdot 46 \cdot 3 \cdot 44 = 13\,983\,816.$$

Das sind also die berühmten knapp 14 Millionen möglichen verschiedenen Tippreihen.

Satz 9.2 *Beim Lotto mit 6 aus 49 gibt es*

$$13\,983\,816$$

verschiedene Tippreihen, wenn es auf die Reihenfolge der Zahlen nicht ankommt.

Das ist eine ziemlich große Zahl, die man sich so abstrakt kaum vorstellen kann. Dass sie wirklich riesengroß ist, zeigen wir an folgenden Beispielen.

Perlen in 28 Sekt-Gläsern

Eine Sektfirma hat mal behauptet, dass in einem Glas Sekt in einer Stunde ungefähr eine halbe Millionen Luftperlen aufsteigen. Nehmen wir an, dass jede solche Perle eine Sechserreihe symbolisiert. Dann müssen Sie 28 gefüllte Sektgläser nebeneinanderstellen und eine Stunde lang beobachten. Eine der dort aufsteigenden Perlen ist der Sechsertipp der kommenden Ziehung. Diese Perle müssen Sie tippen.

Sie können ja nur mal einen Blick auf ein mit Kohlensäure versetztes Glas Wasser werfen. Das sprudelt längst nicht eine Stunde lang. Trotzdem erhalten Sie eine Vorstellung, worauf Sie hoffen, wenn Sie tippen.

Tannennadeln auf 70 Weihnachtsbäumen

Während der Weihnachtszeit habe ich mal die Tannennadeln auf unserem Weihnachtsbaum angeschaut und abgeschätzt, wie viele Nadeln auf so einem Baum, 2 m hoch, ungefähr sitzen. Das hängt natürlich vom Baumtyp ab, und der Baum sollte nicht schon vier Wochen alt sein, sonst müssen Sie die Nadeln auf dem Teppich mitzählen. Jedenfalls ergab eine grobe Schätzung, dass das so ca. 200 000 Nadeln sind.

Wenn Sie auf 14 Millionen kommen wollen, müssen Sie also 70 Weihnachtsbäume betrachten. Jede Nadel ist wieder eine Sechserreihe. Sie denken sich eine Nadel von diesen 70 Bäumen aus und hoffen, dass die Lottomaschine genau dieselbe Nadel geil findet und bei der nächsten Ziehung wählt.

Eine halben Tonne Reiskörner

Vielleicht gibt Ihnen ja auch das folgende Beispiel eine kleine Vorstellung, worauf Sie beim Tippen hoffen. Nehmen Sie sich mal etwas Reis und wiegen Sie 50 Gramm ab. Wenn Sie genau hinschauen, sehen Sie, dass die Reiskörner ziemlich unterschiedlich geformt sind. Es ist halt Natur. Wenn Sie jetzt anfangen zu zählen, und darum bitte ich Sie, so seien Sie etwas großzügig und zählen Sie zwei halbe Reiskörner als ein ganzes. Ich habe dabei für die 50 g die Anzahl 1400 gezählt.

Betrachten wir jetzt 50 kg, also einen Zentner Reis, so sind das tausendmal so viele Reiskörner, und daher 1.4 Millionen, für unseren Sechser müssen wir das noch mal verzehnfachen. Wir müssen also zehn Zentner oder 500 kg oder eine halbe Tonne Reis vor uns auftürmen. Ein Korn aus dieser wirklich riesigen Menge Reiskörner färben wir nun rot. Das sei unser Sechsertipp. Dann greift am kommenden Samstag der Arm der Lottomaschine blind in diesen Berg hinein und zieht ein Reiskorn, den Sechsertipp, heraus. Und Sie glauben und hoffen, dass es Ihr rot gefärbtes Reiskorn ist?

9.3   Aber warum gewinnt denn immer wieder mal einer?

Nach diesen abschreckenden Beispielen möchte man eigentlich meinen, dass es schier aussichtslos ist zu gewinnen. Das ist auch richtig, trotzdem gewinnt ja fast jede Woche jemand eine Million. Inzwischen gibt es mehr als 1500 Lotto-Millionäre in Deutschland.

Was ist falsch an unserer Überlegung? Oder was haben wir nicht bedacht bisher?

Zwei im gleichen Bett

Das ist wie die Geschichte mit dem Amerikaner, der einen sehr seltenen Namen hatte und abends nach einem Geschäftstermin in einem Motel abstieg und dort das Zimmer Nr. 8 bezog. Verwundert stellte er fest, dass auf dem Tisch ein Brief mit seinem Namen lag. Als er den Brief öffnete, wurde ihm aber klar, dass er nicht an ihn gerichtet war. Er fragte den Motelbesitzer, und der stellte verwundert fest, dass tatsächlich am Abend vorher ein Gast mit demselben ungewöhnlichen Namen in diesem Zimmer übernachtet hat. So ein unglaublicher Zufall.

Da müssen wir aber richtig nachdenken. Jede Nacht schlafen Millionen Amerikaner und Nichtamerikaner in amerikanischen Motels. Da kommt es sicherlich öfter vor, dass zwei Personen mit dem gleichen Namen in aufeinanderfolgenden Nächten in ein- und demselben Motel absteigen. Das vorauszusagen, ist nicht schwer.

Ganz anders aber verhält es sich, wenn wir speziell eine Person betrachten wollen mit einem seltenen Namen und dann hoffen wollen, dass eben dieser Person dieser Zufall widerfährt, den wir oben angesprochen haben. Das wäre ein unglaublicher Zufall.

Gleiche Geburtstage

Parallel können wir die schöne Geburtstagsgeschichte erzählen. Es gibt verwunderlicherweise in meiner Bekanntschaft mehrere Personen, die am

gleichen Tag Geburtstag haben wie ich. Nun, einmal ist da meine Zwil-
lingsschwester. Aber es sind auch andere in meinem Umfeld. Ist das wahrscheinlich? Oh, keineswegs, sondern ziemlich unwahrscheinlich. Schließlich hat das Jahr im Normalfall, wenn es nicht schaltet, 365 Tage. Also ist
die Wahrscheinlichkeit, dass jemand anderes am selben Tag Geburtstag
hat wie ich

$$1 : 365 = 0.002739,$$

was zugleich 0.2739% bedeutet, und das ist ziemlich wenig wahrscheinlich.

Aber aufgepasst. Wenn wir uns von dem festen Datum, also z. B. meinem
Geburtsdatum, lösen und nur nach dem Ereignis fragen, ob zwei Personen
am gleichen Tag Geburtstag haben, egal welches Datum, sieht die Sache
ganz anders aus.

Fragen wir zunächst, weil das einfacher geht, nach der Wahrscheinlichkeit
W_n, dass Personen *nicht* am gleichen Tag Geburtstag haben.

Betrachten wir bitte im Folgenden immer nur ein Gemeinjahr mit 365
Tagen, also kein Schaltjahr.

Bei zwei Personen beträgt die Wahrscheinlichkeit, dass sie nicht am gleichen Tag Geburtstag haben, $364/365$, weil für die zweite Person nur noch
364 Tage zur Verfügung stehen. Ein Tag ist ja von der ersten Person ver-
braucht.

Jetzt nehmen wir eine dritte Person hinzu: Für sie bleiben jetzt nur noch
363 Tage, an denen sie Geburtstag haben kann, wenn sie nicht mit den
anderen beiden feiern soll. Daher beträgt die Wahrscheinlichkeit W_n, dass
von drei Personen nicht zwei am gleichen Tag Geburtstag haben,

$$W_n = \frac{364}{365} \cdot \frac{363}{365}.$$

Das verallgemeinern wir locker vom Hocker auf eine freie Anzahl von k
Personen. Die Wahrscheinlichkeit, dass von k Personen nicht zwei am

gleichen Tag Geburtstag haben, ist:

$$W_n = \frac{364}{365} \cdot \frac{363}{365} \cdot \frac{362}{365} \cdot \ldots \cdot \frac{365 - (k-1)}{365}.$$

Wir suchen jetzt aber genau das Gegenteil, nämlich die Wahrscheinlichkeit W, dass mindestens zwei Leute am gleichen Tag Geburtstag haben. Das berechnet man aus der Differenz zum sicheren Ereignis, also $1 - W_n$:

$$W = 1 - \frac{364}{365} \cdot \frac{363}{365} \cdot \frac{362}{365} \cdot \ldots \cdot \frac{365 - (k-1)}{365}.$$

Jetzt rechnen wir ein wenig. Bei $k = 22$ Personen ist diese Wahrscheinlichkeit W gleich 47.57 % und bei $k = 23$ Leuten 50.73 %.

Wenn also mindestens 23 Personen zusammen sind, so ist die Wahrscheinlichkeit für das Zusammentreffen von Geburtstagen größer als 50%.

Das ist doch ziemlich erstaunlich. Man kann es leicht an Schulklassen testen. Immer wieder feiern zwei in einer Klasse am selben Tag Geburtstag. Aber wenn Sie nach einem festen Datum fragen, z. B. dem 24. Dezember, so werden Sie selten jemanden mit diesem Geburtsdatum finden, aber noch viel seltener gleich zwei Personen mit diesem Datum. Übrigens, kommen Sie mir nicht mit Jesus, der hat am 25. Dezember Geburtstag.

Darum gewinnt immer mal einer

Als der Jackpot im Januar 2009 auf 35 Millionen angewachsen war, sind von den Tippern mehr als 100 Millionen Euro ausgegeben worden. Das sind also mehr als 120 Millionen Tippreihen. Auch wenn die sicher nicht alle verschieden waren, ist doch die Wahrscheinlichkeit, dass ein Glücklicher darunter ist, ziemlich hoch. Und siehe da, sogar zwei hatten den Jackpot gewonnen.

Dass bei so vielen Tippern jemand alles richtig voraustippt, ist also nicht verwunderlich. Nur dass das Glück gerade mir zulächelt, ist eben so unwahrscheinlich.

9.4 Welche Zahlen sollte man tippen?

Prinzipiell ist es egal, welche Zahlen Sie tippen. Alle Tippreihen sind gleich wahrscheinlich oder besser gleich unwahrscheinlich. Sie sollten aber klug für den Fall handeln, dass Sie ein Gewinner sind. Der Gewinntopf in jeder Gewinnklasse wird ja normalerweise gleichmäßig auf die richtigen Tipper verteilt. Sie sollten also versuchen, eine Tippreihe zu finden, die kein oder kaum ein anderer hat. Damit Sie richtig abzocken, wenn das Glück schon mal bei Ihnen Station macht. Hier also einige Tipps, was Sie tun und was Sie besser lassen sollten.

Ich tippe die Familiengeburtstage

Das machen erstaunlich viele Personen. Wegen des 19-hundert für die Erwachsenen und des 20-hundert für die Kinder sollten wir also die Zahlen 19 und 20 vermeiden. Verstehen Sie mich nicht falsch. 19 oder 20 kann genauso wahrscheinlich wie jede andere Zahl am nächsten Wochenende gezogen werden, aber dann erhalten Sie eine schlechte Quote und müssen den Gewinn teilen, weil so viele Menschen diese Zahlen tippen.

Vermeiden Sie aus dem gleichen Grund die Zahlen unter 31 wegen des Geburtstages und unter 12 wegen des Geburtsmonats.

Am 25. April 1984 wurden die Zahlen 1, 3, 5, 9, 12, 25 gezogen. Und unglaublich, 69 Personen haben diese sechs Zahlen getippt, ziemlich sicher als Geburtsdaten.

Für diese Zahlen gab es dann den niedrigsten Gewinn, der jemals für „6 Richtige" ausgezahlt wurde. Jeder der 69 Gewinner erhielt 16907,00 DM oder nach heutiger Währung 8 644,41 €. Für sechs Richtige, Chance 1 : 14 Millionen! Da würde ich mich doch irgendwo kneifen.

Nie kommen sechs aufeinanderfolgende Zahlen

Wie oben schon erwähnt, wurde die Zahlenreihe 2, 3, 4, 5, 6, 26 am 10. April 1999 gezogen und tatsächlich von sage und schreibe 38008 Tippern angekreuzt. Das liegt an den vielen Systemwetten, die solche Tippreihen in ihrem System drin haben. Daraufhin erhielten die „Glücklichen" mit ihrem Fünfer mal gerade knapp 400 DM, nach heutiger Währung 194,24 €. Für fünf Richtige konnte man also vielleicht ein Wochenende im Erzgebirge verbringen.

Eine gezogene Zahl ist verbrannt

Ganz häufig hört man die Meinung:

> Eine einmal gezogene Zahl ist „verbrannt", d. h. jetzt kommen erst alle anderen 48 Zahlen dran. Genauso kommen auch die Zahlen der letzten Woche so schnell nicht wieder.

Dahinter steckt der Gedanke, dass die Lottomaschine ein Gedächtnis hat und irgendwie einen Gerechtigkeitssinn, dass doch bitteschön alle Zahlen mal drankommen wollen. Hat sie aber beides nicht. Wir geben einige Beispiele an:

1. Die 44 wurde im ersten Lottojahr 1955 fünfmal hintereinander gezogen (Ziehungen 4 bis 8).

2. Am 18. Juni 1977 wurden sechs Zahlen gezogen, die eine Woche
    zuvor im niederländischen Lotto gezogen worden waren. Exakt ge-
    nau dieselben sechs Zahlen. Wenn Sie jetzt denken, dass doch nie-
    mand so dumm war, diese Zahlen, die ja „verbrannt" waren, noch
    mal zu tippen, so liegen Sie gewaltig daneben. 205 Spieler tippten
    diese Zahlen beim deutschen Lotto. Vielleicht haben sie gedacht,
    dass diese Zahlen eine gewisse Anziehung besessen haben. Jeden-
    falls war das Drama bestimmt groß, denn als Quote erhielt jeder
    30 737,80 DM, also ca. 15 000 €. Und das für sechs Richtige!

3. Seit 1955 wurden bei Lotto 6 aus 49 schon zweimal die gleichen
    6 Zahlen gezogen. Sowohl am 20.12.1986 als auch am 21.06.1995
    waren es die Zahlen 15, 25, 27, 30, 42, 48.

Die verflixte 13

Wenn wir davon ausgehen, dass die Lottomaschine, die uns jeden Mittwoch und Samstag im Fernsehen vorgestellt wird, korrekt arbeitet – und
davon sollten wir ausgehen, schließlich wird dieses Maschinchen ständig
notariell beobachtet – so sind alle Kombinationen von sechs Zahlen gleich
wahrscheinlich.

Da höre ich Sie aufstöhnen. „Wissen Sie denn nicht, dass die 13 am wenigsten häufig bisher gezogen wurde?" Stimmt. Aber wir haben ja auch
noch nicht einmal 4000 Lottoziehungen hinter uns. Die erste Ziehung
von Lottozahlen in der Bundesrepublik Deutschland erfolgte öffentlich
am Sonntag, dem 9. Oktober 1955 mit „6 aus 49". Lotto am Mittwoch
folgte am 28. April 1982 zunächst mit der Spielformel „7 aus 38", ab dem
19. April 1986 dann mit der Formel „6 aus 49".

Das sind also vielleicht grob geschätzt 4 000 Lottoziehungen. Tatsächlich
gibt es erst ca. 1500 Menschen, die durch Lottospielen eine Million (vor
2001 waren das DM, danach Euro) gewonnen haben. Daraus kann man

noch nichts ablesen. Lassen Sie uns mal eine Millionen Ziehungen abwarten. Dann reden wir über statistische Verteilungen der Zahlen. Wenn wir jede Woche zwei Ziehungen bedenken und das Jahr mit 50 Wochen veranschlagen, so findet die einmillionste Ziehung vielleicht im Jahre 12 000 statt. Vorher sind statistische Aussagen reine Momentaussagen und können keinesfalls verallgemeinert werden.

Wir wollen hier dem Aberglauben an die Unglückszahl 13 nicht nachhelfen, aber erwähnen wollen wir doch:

> Die allererste Zahl, die im deutschen Lotto am Sonntag, dem
> 9. Oktober 1955, gezogen wurde, war, kaum zu glauben, aber
> wahr, die

13!

Für den Autor ist die 13 fast schon eine Glückszahl, wenn das nicht auch Aberglaube wäre. In meiner Jugend hatte der Leiter unserer Jugendgruppe mal einen großen Apfel zu verschenken. Er sagte uns, dass er jetzt auf einen Zettel eine Zahl zwischen 1 und 50 aufschreibt. Wir alle dürften eine Zahl raten. Wer seiner Zahl am nächsten komme, erhielte den Apfel. Nach kurzer Zeit verbesserte er sich und sagte: Halt, wir nehmen die Zahlen zwischen 1 und 100. Sonst ist es zu einfach. Alle meine Freunde wählten darauf eine Zahl größer als 50. Nur ich blieb bei meiner 13. Und er hatte die 12 auf seinem Zettel.

Was soll ich also tippen?

Ich mache Ihnen einen vielleicht lustig klingenden Vorschlag. Stellen Sie sich aus Papier 49 Zettelchen her, auf die sie die Zahlen 1 bis 49 schön sauber verteilen. Am Abendbrottisch mit Ihren Kindern werfen Sie diese Zettel dann in die Luft. Jeder darf zugreifen, bis wir sechs Zettelchen

haben. Das ist dann ein richtig zufälliger Tipp, den hoffentlich kein oder
kaum ein anderer hat. Wenn Sie damit gewinnen, kriegen Sie alles alleine.
Na, bekomme ich einen Euro ab?

9.5   Jackpot

Hier dürfen wir einen kleinen Irrtum aufklären. Was ist der Jackpot?
Beim Lotto gibt es verschiedene Gewinnklassen. Mit der am 17. Juni
1956 eingeführten Zusatzzahl gab es lange Zeit die sieben Klassen

- 3 Richtige

- 3 Richtige mit Zusatzzahl

- 4 Richtige

- 4 Richtige mit Zusatzzahl

- 5 Richtige

- 5 Richtige mit Zusatzzahl

- 6 Richtige

Wenn es passiert, dass in einer der Gewinnklassen kein Tipper richtig
liegt, so wird das dieser Klasse zugeteilte Geld in einen sogenannten Jackpot gelegt und bei der nächsten Ausspielung dieser Klasse hinzugefügt.
Den Jackpot gibt es also für alle Gewinnklassen, nicht nur für die oberste.

Weil das aber bislang nur in der obersten Gewinnklasse passiert ist, hat
sich das Wort Jackpot für diesen Fall etabliert. Es wäre ja auch wohl
kaum zu glauben, wenn niemand 3 Richtige hätte. Möglich ist es aber
schon.

Am 7. Dezember 1991 wurde für das Lotto die sogenannte Superzahl und damit eine neue achte und damit oberste Gewinnklasse eingeführt. Die Superzahl ist eine Zahl zwischen 0 und 9 und wird extra gezogen. Man kann sie auf den Tippscheinen nicht ankreuzen, sondern es ist die letzte Ziffer der auf dem Tippschein eingedruckten Losnummer. Wenn Sie also eine Lieblingssuperzahl wählen möchten, müssen Sie die Lottoscheine durchwühlen, bis Sie Ihre Zahl gefunden haben, und dann diesen Schein ausfüllen.

Mit dieser Superzahl wurde eine weitere Gewinnklasse

- 6 Richtige mit Superzahl

eingeführt. Wegen der Möglichkeiten von 0 bis 9, also zehn möglicher Superzahlen, wird die Unwahrscheinlichkeit, diesen Gewinn zu ziehen, verzehnfacht. Das heißt, statt der knapp 14 Millionen Sechsertippreihen gibt es nun 140 Millionen Sechsertipps mit Superzahl, eine zehnmal so große Zahl. Hier greift nun die Jackpotregel häufig zu. Wenn bei einer Ziehung niemand diese sechs Zahlen und die Superzahl getippt hat, so wandert das Geld ins Töpfchen und kommt bei der nächsten Ziehung als Grundpolster zu dieser Gewinnklasse hinzu. Falls wieder niemand alle sieben Zahlen richtig hat, kommt das Geld wieder ins Töpfchen und so weiter. Aber nicht bis unendlich. Da hat der Gesetzgeber einen Riegel vorgeschoben. Seit 2009 gilt die „Deckelregel":

Satz 9.3 (Deckelregel) *Ist dreizehnmal nacheinander der Jackpot nicht geknackt worden, so wird bei der 14. Ziehung das ganze schöne Geld des Jackpots auf die Gewinnklasse „6 Richtige" aufgeteilt.*

Wenn das mal passiert, lohnt es sich richtig, seinen Tippschein abzugeben. Denn dann bekommt man ja für lumpige 6 Richtige schon mehrere Millionen, je nachdem, wie viele Mitspieler auch 6 Richtige haben. Gekniffen ist dann nur der, der auch die Superzahl noch richtig getippt hat;

denn er erhält nur den „normalen" Gewinn für den 6er mit Superzahl und keinen Jackpot mehr.

Die Zahl

$$140\,000\,000$$

hört sich ganz schön gewaltig an. Kann man sich diese Zahl veranschaulichen?

Grashalme auf halbem Fußballfeld

Kurz vor einem Live-Auftritt im Fernsehen haben meine Frau und ich Grasbüschel aus einem Rasenstück abgerissen und die Grashalme gezählt. Das haben wir natürlich nicht so ganz willkürlich gemacht. Halten Sie doch mal Daumen und Zeigefinger zusammen. Da entsteht bei gutmütigem Hinschauen ein kleiner Kreis. Sein Durchmesser beträgt etwas weniger als 4 cm, sein Radius also etwas weniger als 2 cm. Erinnern wir uns an die Flächenformel eines Kreises?

Satz 9.4 *Ein Kreis mit Radius r hat die Fläche*

$$F = \pi \cdot r^2.$$

Wenn wir also jetzt die Fläche unseres Daumen-Zeigefinger-Kreises ausrechnen, so kommt dort in etwa 10 cm² heraus, also sehen Sie das nicht so eng!

Wir haben daher die Anzahl der Grashalme in einem 10 cm² großen Rasenstück bestimmt, indem wir unsere Daumen-Zeigefinger-Kreise über die Rasenfläche gehalten und die innen stehenden Grashalme abgerissen haben. Das waren bei mehrmaligem Ausreißen stets ungefähr 40 Halme.

Aha, ein Fußballfeld ist ungefähr 68 Meter breit und 105 Meter lang.[1] Betrachten wir ein halbes Feld mit 68 m Breite und 52, 5 m Länge. Das hat also

$$68\,\text{m} \cdot 52,5\,\text{m} = 3570\,\text{m}^2 = 6\,800\,\text{cm} \cdot 5\,250\,\text{cm} = 35\,700\,000\,\text{cm}^2,$$

also 35,7 Millionen Quadratzentimeter. Unsere Zählung ergab, dass sich auf $10\,\text{cm}^2$ ungefähr 40 Halme befinden. Wir müssen also die 35,7 Millionen durch 10 teilen und dann mit 40 multiplizieren.

Wenn wir das also großzügig betrachten, so sind auf einem halben Fußballfeld in etwa 140 Millionen Grashalme, na gut, nach unserer Rechnung 142 800 000. Das sind also ungefähr so viele wie die möglichen Tippreihen für den Jackpot. Jetzt müssen wir uns einen Grashalm aussuchen, vielleicht färben wir ihn rot, und hoffen, dass die im Grunde ja blinde Lottomaschine bei ihrer Wahl von sechs Zahlen und der Superzahl diesen Grashalm findet.

Fünf Tonnen Reis

Schauen Sie sich noch mal die halbe Tonne Reiskörner von oben an. Ihre 14 Millionen Körner symbolisierten die 14 Millionen Tippreihen für den Sechser. Für den Jackpot muss das dann noch mal verzehnfacht werden. Denken Sie sich also fünf Tonnen Reis. Jedes Reiskorn steht für eine Sechsertippreihe mit der Superzahl. Jetzt können Sie das Spiel ja auch umkehren. Denken wir uns, dass die Lottogesellschaft ein Reiskorn in diesen 5 Tonnen versteckt hat. Die haben vielleicht einen kleinen Pups darauf gemalt. Sie müssen nun dieses eine kleine Korn aus den fünf Tonnen herausfischen. Wohlgemerkt, nicht blinzeln beim Ziehen, sondern blind hineintapsen und hoffen.

---

[1]Seit 2008 muss ein Feld bei Nationalspielen genau die Länge von 105 m und die Breite von 68 m haben.

9.6   Ein Tipp zur Chancenerhöhung

Einen richtigen Tipp, um zu gewinnen, haben wir natürlich nicht. Wenn
es denn überhaupt einen solchen Tipp gäbe, so wäre Lotto nicht mehr
zufällig, sondern berechenbar. Dann müsste das Spiel unbedingt geändert
werden. Der Reiz liegt ja gerade darin, dass es dem Zufall und nur dem
Zufall gehorcht. Also kann niemand einen echten Tipp haben. Wer so
etwas anbietet, handelt ganz sicher unlauter.

Also haben wir auch keinen Tipp. Wir können nur etwas System in unser
Spiel bringen, mit dem wir vielleicht unsere Erwartung auf einen Gewinn
steigern können.

Denken Sie sich fünf Zahlen aus, möglichst zufällig verteilte, nicht sechs,
sondern nur fünf! Dann bleiben ja noch 44 Zahlen nicht ausgesucht. Jetzt
besorgen Sie sich 44 Tippzettel und schreiben auf alle diese 44 Zettel Ihre
fünf ausgedachten Zahlen. Dann fügen Sie jeweils die restlichen 44 schön
der Reihe nach jeweils als sechste Zahl hinzu.

Wir machen ein einfaches Beispiel: Nehmen wir an, Sie hätten sich die
Zahlen 1, 2, 3, 4, 5 gedacht (was nicht klug wäre wegen der Quote!).

Dann kreuzen Sie diese fünf Zahlen auf 44 Tippzetteln an.

Dann kreuzen Sie auf dem ersten mit fünf Zahlen angekreuzten Tippschein als sechste Zahl die Zahl 6 an, auf dem nächsten die Zahl 7 usw.
bis zum 44., auf dem Sie die Zahl 49 ankreuzen.

Diese 44 Scheine müssen Sie nun bezahlen. Wenn es jetzt passieren sollte,
dass Ihre fünf Zahlen gezogen werden, haben Sie automatisch auch sechs
Richtige; denn die sechste gezogene Zahl ist ja eine der von Ihnen verteilten 44 Zahlen. Sie haben dann automatisch den Sechser, dann natürlich
den Fünfer mit Zusatzzahl und weitere 42 Tippscheine mit jeweils dem
Fünfer. Das gibt eine ganze Menge Gewinn.

Sollten nur zwei Ihrer Zahlen gezogen werden, so haben Sie automatisch einen Dreier.

Fazit: Mit diesem Vorgehen haben Sie Ihre Gewinnsituation um eine Zahl verringert. Sind drei Ihrer Zahlen richtig, haben Sie schon einen Vierer (und natürlich 43 richtige Dreier).

Aber auch dieser Tipp gibt keine Sicherheit für einen Gewinn. In einer Fernsehshow haben wir 44 Lottoscheine vor Millionenpublikum nach diesem System ausgefüllt. Leider war von unseren fünf Zahlen keine glücklich, so dass wir tatsächlich nur durch die verteilten anderen Zahlen sechs Scheine hatten, wo jeweils eine Zahl richtig war. Das entspricht ja auch unserer Erwartung: Wenn von unseren fünf Zahlen keine gezogen worden ist, so haben wir sechsmal je eine richtig. Alles korrekt, aber kein Cent. Außer Spesen nichts gewesen.

Nachsatz:

Der Autor hat noch nie Lotto gespielt und deshalb seit 1955 wegen der knapp 4000 Ziehungen schon ca. 4000 € gewonnen!

Kapitel 10

Lüttje Lage

10.1 Einleitung

Da haben die Hannoveraner sich was einfallen lassen. Die trinken Bier mit Schnaps gemischt. Aber das machen sie nicht wie vernünftige Wesen, einfach den Schnaps in das Bier gießen und ruckzuck runter damit. Nein, das ganze wird auf sehr eigenwillige Weise zelebriert.

Abbildung 10.1: Die Gläser

Abbildung 10.2: Die Handhaltung

1. Das Bier ist ein spezielles obergäriges Bier, etwas dunkler als so ein ordinäres Helles.

2. Der Schnaps wird aus einem speziellen kleinen kegelförmigen Gläschen Tröpfchen für Tröpfchen während des Trinkens dem Bier zugeführt.

Gerade das Letztere ist richtig schwer und verlangt nach viel Übung, also reichlich Lüttje Lagen. Man bestellt sie daher in den Schützenzelten meterweise.

Dann kommt es zu dieser eigenwilligen Handhaltung, bei der das recht kleine Bierglas zwischen Daumen und Zeigefinger gehalten wird und das ebenfalls kleine Schnapsglas mit den verbleibenden drei Fingern an den Zeigefinger angelehnt wird. Beide Gläser muss man jetzt unabhängig voneinander kippen können. Das geht, probieren Sie es. Aber jetzt kommt das Problem:

Das Lüttje-Lage-Problem

Wie muss man das Schnapsglas halten und kippen, damit der Schnaps ins Bier und nicht aufs Hemd träufelt?

10.2   Zur Mathematik der Lüttjen Lage

Jeder denkt, der ist verrückt. Lüttje Lage und Mathematik sind unvereinbar, ja geradezu Gegensätze. Wie man sich doch täuschen kann.

Wir wollen hier versuchen, auf nicht ganz so ernst gemeinte Weise eine Formel für das richtige Trinken der Lüttjen Lage zu entwickeln.

Wir stellen uns die Frage:

> *Um wie viel Grad muss ich das lüttje Glas drehen, damit der Korn sauber ins Bier träufelt?*

Dazu müssen wir zunächst einmal einige Abkürzungen einführen, damit wir uns schnell verständigen können. Schauen Sie sich so ein lüttjes Glas genau an. Es sieht doch oben, wo der Korn drin steckt, aus wie ein Kegel. Aha, sei also das lüttje Glas ein Kegel. Den Rest brauchen wir nicht. Sie brauchen ihn ja auch nur zum Halten. Der Stil enthält ja leider keinen Schnaps.

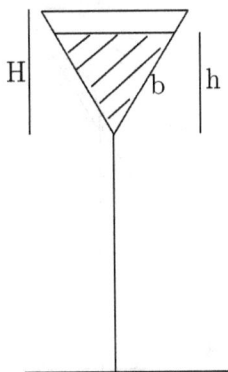

Abbildung 10.3: Bezeichnungen

Wir nennen die Höhe dieses Kegels H und die Flüssigkeitshöhe h. Es ist in der Regel $h \leq H$, sonst wäre das ein ganz schön komisches Glas.

Wir nennen die Seitenlänge des Kegels b. Es ist i.A. $H \leq b$. Schauen Sie sich jetzt unser Bild 10.3 an. Mit den trigonometrischen Funktionen erkennen wir, wenn Sie sich bitte schön an die 10. Klasse erinnern wollen (β ist dabei der Winkel zwischen rechtem Glasrand und der Senkrechten bei gekipptem Glas):

$$\cos \beta = \frac{h}{b}.$$

Analog erhalten wir

$$\cos \gamma = \frac{H}{b}.$$

Das ist nichts anderes als die Formel für den halben Öffnungswinkel des lüttjen Glases.

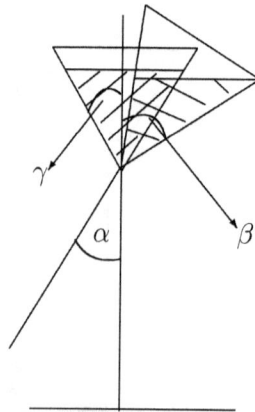

Abbildung 10.4: Der Kippwinkel

Der gesuchte Kippwinkel α, der uns angibt, wann der Schnaps aus dem lüttjen in das große Glas fließt, ist

$$\alpha = \beta - \gamma.$$

Damit erhalten wir unsere Kippformel

$$\alpha = \beta - \gamma = \arccos\frac{h}{b} - \arccos\frac{H}{b}.$$

Das war doch gar nicht so schwer. Schauen wir uns diese Formel jetzt mal genau an. Was erkennt unser Bierauge?

10.3 Fazit

H und b sind mit dem Glas verbundene Größen, die sich während das Abends nicht ändern, auch wenn Sie sicher am späteren Abend anders darüber denken werden. Einzig und allein h ändert sich bei der Übergabe des Schnapses. Zunächst ist h groß, fast so groß wie b, dann wird es kleiner, bis es schließlich sogar $h \to 0$ geht. Daher müssen wir die Arkuscosinuskurve von rechts her gegen 0 durchlaufen. Diese Kurve beginnt bei 0 und steigt dann ziemlich rasch an. Später gegen 0 zu flacht sie sich ab. Damit erhalten wir unsere Strategie beim Trinken:

Wir müssen zu Beginn sehr vorsichtig kippen, dann aber immer stärker, damit der Schnaps ruhig ins Glas läuft und nicht auf unser Hemd.

Und so sehen wir, dass selbst in so einer bierernsten Angelegenheit die Mathematik steckt. Das ist aber auch nicht verwunderlich, denn schließlich gilt:

Mathematik ist wirklich überall!

Kapitel 11

Das Möbiusband

11.1 Einleitung

August Ferdinand Möbius[1] erblickte am 17. Nov. 1790 in Schulpforta, einem Ortsteil der Stadt Bad Kösen an der Saale im Südwesten von Halle unweit der Stadt Naumburg (Saale), das Licht der Welt. Er ist einer der Begründer der Topologie. In einem posthum erschienenen Artikel beschreibt Möbius eine merkwürdige topologische Figur, nämlich „ein Band, das keine Rückseite hat". Schauen Sie sich diese Buchseite an. Sie hat eine Vorder- und eine Rückseite. Wenn wir sie aus dem Buch herausreißen – unterstehen Sie sich!! –, so können Sie eine Seite rot und die andere grün färben. Auch das ist eine rein gedankliche Spielerei.

---

[1]A.F. Möbius (1790–1868)

Schauen Sie sich jetzt folgendes Band an:

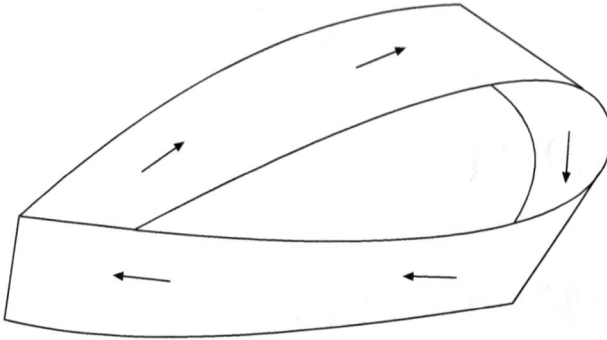

Abbildung 11.1: Das Möbiusband

Was ist so Besonderes an diesem Band, dass es sogar einen Namen bekommen hat? Nun, wir haben Pfeile auf das Band gemalt. Gehen Sie
doch bitte einmal in Gedanken – Sie können auch einen Bleistift zur
Hilfe nehmen – in Richtung der Pfeile auf dem Band entlang. Nach einer Umrundung kommen Sie (Sehen Sie es?) auf der Rückseite Ihres
Startpunktes an. Gehen Sie noch eine Runde, so landen Sie wieder am
Ausgangspunkt. Bei diesem zweimalige Rundlauf haben Sie beide „Seiten" besucht. Damit sehen wir, dass dieses merkwürdige Band keine zwei
„Seiten" sondern nur eine Seite hat.

11.2   Konstruktion

In der folgenden Skizze zeigen wir, wie wir ein solches Band herstellen
können.

Wir nehmen dazu ein zwei Zentimeter breites und 30 Zentimeter langes
Band. Schneiden Sie einfach von einem Din-A-4-Papier einen Streifen

Abbildung 11.2: Konstruktion des Möbiusbandes

ab. Wir schreiben auf die eine Seite des Bandes an die Enden „oben" und auf die andere Seite schreiben wir „unten". Jetzt halten wir dieses Band mit der linken und rechten Hand so vor uns, dass „oben" wirklich oben steht. Dann drehen wir das Ende in der rechten Hand um 180 Grad, wir verdrehen also das Band. An der rechten Hand steht also jetzt auf der nach oben weisenden Seite „unten".

Jetzt biegen wir die rechte Seite des Bandes so weit zur linken Seite, dass der Punkt „unten" von der rechten Hand auf die Schrift „unten" der linken Hand fällt und kleben das Band so zusammen. Dann ist ein Möbiusband entstanden.

11.3   Zerschneiden

Mit diesem Möbiusband kann man nun einige Spielchen betreiben, die man dem Band nicht so leicht ansieht. Sie sollten sich mehrere davon herstellen.

1. Als Erstes schneiden wir das Band längs einer gedachten Mittellinie auf. Also nicht das Band kaputt schneiden mit einem zum Rand senkrechten Schnitt, sondern parallel zum Rand in der Mitte „zweiteilen".

   Halt, das war zu schnell. Lassen Sie bitte erst vielleicht Ihre gespannt zusehenden Kinder raten, was durch einen solchen Schnitt entsteht. Die meisten Menschen, nicht nur Kinder, werden vermu-

ten, dass man zwei Bänder erhält. Jetzt schneiden Sie vorsichtig.
Und, was entsteht?

Ein großes Band, das etwas verdreht ist. Prüfen Sie mit einem Bleistift nach, dass dieses große Band kein Möbiusband ist. Wenn Sie
irgendwo anfangen zu malen und das Band entlangfahren, enden
Sie nach einer Runde wieder am Ausgangspunkt und haben nur
eine Seite bemalt.

Die Erklärung für dieses Phänomen ist gar nicht so schwer. Unser
erstes Möbiusband hatte doch nur eine Außenkante. Fahren Sie die
Kante entlang, und sie werden nach zweimaligem Umlaufen wieder
am Ausgangspunkt sein. Durch unseren Mittelschnitt haben wir
eine neue Kante hinzubekommen. Das neue Band hat also jetzt
zwei Kanten, wie es sich für ein normales Band gehört. Es ist also
kein Möbiusband mehr.

2. Am besten nehmen Sie sich für dieses Experiment ein etwas dicke-
   res Möbiusband, also so vier Zentimeter dick vielleicht. Denn jetzt
   wolle wir es einmal in der Mitte wie vorher durchschneiden, erhalten also ein einziges größeres Band. Dieses größere Band wollen wir
   nun noch einmal in der Mitte längs durchschneiden. Was entsteht
   jetzt?

   Wenn Sie ohne abzurutschen sauber geschnitten haben, sind zwei
   große Bänder entstanden, die ineinander liegen, sich also nicht tren-
   nen lassen. Sie können mit einem Bleistift testen, dass beide Bänder
   keine Möbiusbänder sind.

3. Nehmen Sie jetzt noch mal ein etwas breiteres Möbiusband. Malen
   Sie doch bitte, bevor Sie es zusammenkleben, im gleichen Abstand
   zwei parallele Linien längs zum langen Rand auf den Streifen. Dann
   kleben Sie es zum Möbiusband zusammen.

   Was passiert, wenn Sie jetzt irgendwo anfangen, entlang dieser Linien das Band aufzuschneiden? Das müssen Sie wirklich probieren,
   denn sonst glauben Sie es mir nicht.

Es entstehen zwei Bänder, die ineinander verkettet sind. Das kürze von beiden ist ein Möbiusband, das längere nicht. Das war doch wirklich nicht zu erwarten, oder?

Erklären lässt es sich, wenn Sie beim Schneiden genau aufpassen, was Sie schneiden. Irgendwo fangen Sie an, sagen wir, wenn man von oben so auf das Band schaut, mit dem linken Strich. An der Klebestelle bleiben Sie jetzt links, aber durch das Drehen vor dem Kleben sind Sie jetzt auf der anderen Seite des ursprünglichen Bandes. Sie schneiden also die beiden Außenränder ab. Diese bilden das große Band. Innen bleibt das kleine Band, das vorher ein Möbiusband war und es nachher auch bleibt.

11.4   Umhängeband

Diese ganze Geschichte mit dem Möbiusband hört sich nach echt richtig mathematischer Spielerei an, zu nichts nütze. Oh, nicht so vorschnell. Heute hat man doch solche langen Bänder, an denen wir Schlüssel oder wichtige Kongressteilnehmer ihre Namensschildchen befestigen. So etwas haben Sie bestimmt auch in Ihren Utensilien. Schauen Sie sich das Band mal genau an.

Es liegt sauber um den Hals herum. Schließlich möchte man ja keinen Knoten am Hals haben. Unten wo der Schlüssel hängt, ist es zusammengenäht. Wenn Sie dieses Band abnehmen, sich den Schlüssel mit diesem Wurmfortsatz von Band wegdenken und das Ganze dann zwischen zwei Fingern aufspannen, sehen Sie, dass es da irgendwo eine Wendestelle gibt. Das Band läuft nicht wie ein Förderband sauber einmal rum, sondern es wendet sich. Es handelt sich also um ein Möbiusband. Hübsch, nicht? Und damit ist auch zugleich sichergestellt, dass man immer schön die Beschriftung auf dem Band lesen kann, wenn man sich dieses Band so als Orden oder so um den Hals hängt.

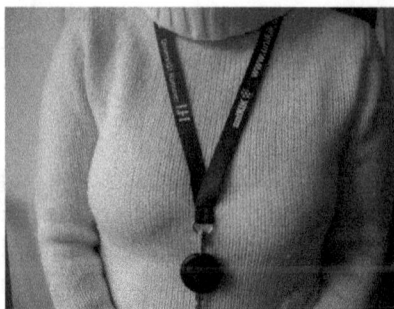

Abbildung 11.3: Ein Umhängeband als Möbiusband

Kapitel 12

Sudoku – Einige Tricks

12.1 Einleitung

Der Amerikaner Howard Garns, 74 Jahre alt, stellte 1979 dieses Spiel in einer Zeitschrift vor. Allerdings hatte er damit kaum Erfolg. Es musste erst nach Japan gebracht und dort veröffentlicht werden. Mitte der achtziger Jahre kehrte es zurück nach England und löste dort einen Boom der Begeisterung aus, der bis heute anhält. Immer noch werden in vielen Zeitungen wöchentlich neue Sudokus verschiedener Schwierigkeitsstufen angeboten.

Wir wollen hier keine vollständige Abhandlung über dieses wundersame Spiel halten, sondern lediglich ein paar Teilaspekte betrachten. Zur Lösung dieses Spiels kann man sich nämlich von reiner Intuition leiten lassen oder erstaunlich viel Logik einbauen. Dieses Letztere ist es, was Mathematiker reizt.

12.2   Die Spielregeln

Wir zeigen hier ein leeres Feld mit 9×9 kleinen Kästchen.

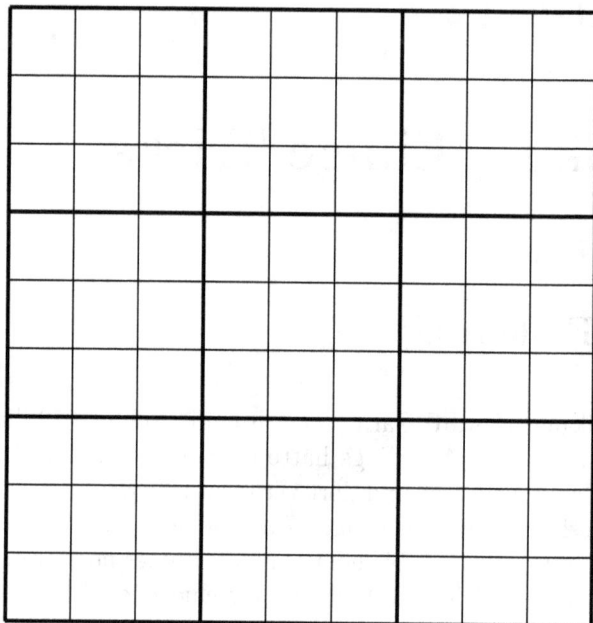

Abbildung 12.1: Ein Sudoku-Kasten mit den neun Teilkästchen

Das sieht so aus wie ein Schachbrett, hat aber keine weißen und schwarzen Felder und eben eine Zeile und eine Spalte mehr. Außerdem zeigen uns die dickeren Linien eine gewisse Unterstruktur. Jeweils kleine 3×3 große Quadrate unterteilen das Tableau in neun Teilkästchen.

Die Aufgabe lautet nun:

Regeln für Sudoku

1. Schreibe in jedes Teilkästchen die Zahlen von 1 bis 9.

2. Dabei darf in jeder Gesamtzeile keine Zahl doppelt vorkommen.

3. Außerdem darf in jeder Gesamtspalte keine Zahl doppelt vorkommen.

Manche Autoren sehen hier eine Beziehung zu magischen Quadraten. Da geht es aber um die Summe der Zahlen in einer Zeile oder Spalte oder Diagonale. Wir sehen eher eine Verbindung zum Schachspiel. Eine beliebte Fragestellung bei einem Schachbrett lautet:

Wie kann man 8 Damen auf einem Schachbrett so verteilen, dass sie sich gegenseitig nicht schlagen können.

Da gibt es verschiedene Lösungen, die man im Internet nachschlagen kann. Bei Sudoku können wir eher an die Türme beim Schach denken.

Wir sollen die Zahlen von 1 bis 9 jeweils in ein kleines Teilkästchen schreiben. Dabei denken wir uns jede Zahl als einen Turm. Da im gesamten Tableau jede Zahl neunmal vorkommt, gibt es also neun 1-er Türme, neun 2-er Türme usw. Türme gleicher Nummer hassen sich untereinander, Türme verschiedener Nummer gesellen sich friedlich zueinander. Wir wollen nun diese Türme so insgesamt auf dem Gesamtfeld verteilen, dass sich die 1-er Türme nicht untereinander schlagen können und die 2-er Türme nicht usw.

Das bedeutet natürlich, dass in einer langen Zeile keine zwei Türme gleicher Nummer stehen dürfen. Daraus folgt sofort, dass in jeder Zeile alle neun Zahlen vertreten sein müssen; denn es stehen ja neun Plätze zur Verfügung. Wenn nicht zwei gleiche vorkommen dürfen, müssen alle neun vertreten sein.

Dasselbe gilt für die Spalten.

Der entscheidende Punkt ist, dass in jeder Zeile und in jeder Spalte und in jedem Teilkästchen jede Zahl vorkommen muss, und zwar jede einmal und, sogar noch schärfer, genau einmal. Jede Zahl muss also auch in jeder Zeile, in jeder Spalte und in jedem kleinen Kästchen stehen.

Zusätzlich werden dann etliche Zahlen vorgegeben, aus denen sich das fertige Sudoku zusammensetzen lässt. Hieraus lassen sich verschiedene Spielstrategien entwickeln.

12.3   Einige Besonderheiten

Mathematiker sind immer sehr stark daran interessiert, ob eine Aufgabe überhaupt lösbar ist und wenn ja, wie viele verschiedene Lösungen es gibt.

Die erste Frage ist noch ein ziemlich ungelöstes Problem. Die Frage hängt ja ganz stark von der Anzahl der vorgegebenen Zahlen in einem Sudoku ab. Welches ist z. B. die minimale vorzugebende Anzahl?

Die folgende Aufgabe hält zur Zeit den Rekord mit den wenigsten Vorgaben, nämlich 17 gegebene Zahlen:

								1
4								
	2							
				5		4		7
		8				3		
		1		9				
3			4			2		
	5		1					
			8		6			

Abbildung 12.2: Dieses Sudoku hält den Weltrekord in minimalen Vorgaben. Nur 17 Zahlen gegeben und trotzdem eindeutig lösbar! Die Lösung geben wir am Ende an.

Bei der zweiten Frage nach der Anzahl der verschiedenen Sudokus haben Bertram Felgenhauer, Department of Computer Science TU Dresden, und Frazer Jarvis, Department of Pure Mathematics University of Sheffield, in einer gemeinsamen Arbeit „Enumerating possible Sudoku grids", veröffentlicht 2005, folgende Anzahl angegeben:

$$6.670.903.752.021.072.936.960$$

Gesprochen sind das 6 Trilliarden 670 Trillionen 903 Billiarden 752 Billionen 21 Milliarden 72 Millionen 936 Tausend 960.

Damit man das überhaupt lesen kann, haben wir die Zahlen mit Ziffern statt mit Buchstaben geschrieben. Sonst wäre es ein einziges zusammengeschriebenes Wort, also ein wahres Wortungetüm.

Hier kann und sollte man noch reduzieren. Wenn wir die 5 einfach in 3 umbenennen, erhalten wir zwar rein äußerlich ein neues Sudoku, aber doch kein wesentlich verschiedenes. Mit den neun Zahlen gibt es 9! viele solche Vertauschungen. Wir müssen also obige Monsterzahl noch durch 9! dividieren, um wesentliche Sudokus zu erhalten. Man kann noch weitere Symmetrien berücksichtigen und die Zahl noch mehr reduzieren. Aber es bleiben immer noch sehr, sehr viele über.

12.4   Zwei kleine Tricks

Zum Glück gibt es keinen Lösungsalgorithmus, der uns jedes Sudoku direkt lösen lässt. Sonst wäre das Spiel nämlich schnell langweilig. Wir wollen hier nur einige kleine Tipps geben, wie man sich der Lösung nähern könnte. Besonders der zweite Trick basiert auf reinster Logik und das macht uns einen Heidenspaß. Am besten schildern wir unsere Ideen an Hand von Beispielen.

Erster Trick Betrachten wir folgendes Rätsel:

7			4			3	8	6
6	5		3					
1	3		2		5			
	7	3		8		6	4	
	4	6				9	3	
	1		6	4	3	7	5	
	6	1	7	3	4		2	5
		7		6	2		9	3
3	2	5					6	7

Abbildung 12.3: Ein Sudoku

Jetzt spielen wir so ein Ausschließungsproblem durch. Bitte suchen Sie sich alle Sechsen. Sie ist z.B. in der ersten und in der zweiten Zeile zu finden, außerdem in der fünften Spalte. Sie ist im Moment noch nicht im oberen mittleren Teilkästchen. Können Sie erkennen, dass sie dort nur noch den Platz in der dritten Zeile und sechsten Spalte zur Verfügung hat? Dort dürfen und müssen wir sie eintragen, weil sie ja in diesem Kästchen stehen muss.

Diesen Gedanken gehen wir jetzt mit allen Zahlen von 1 bis 9 einzeln durch. Dadurch füllen sich viele Plätze. Aber häufig gerade bei höhe-

ren Schwierigkeitsgraden nicht alle Plätze. Wir brauchen einen weiteren
Trick, der ziemlich hinterhältig daherkommt.

Zweiter Trick   Schauen wir wieder auf unser obiges Beispiel mit der
bereits eingetragenen 6:

7			4			3	8	6
6	5		3					
1	3		2		**6**	5		
	7	3		8		6	4	
	4	6				9	3	
	1		6	4	3	7	5	
	6	1	7	3	4		2	5
		7		6	2		9	3
3	2	5					6	7

Abbildung 12.4: Das Sudoku von oben mit der bereits gefundenen 6

Wir betrachten jetzt die 8. Sie steht in der ersten Zeile, damit kann sie
im ersten Teilkästchen oben links nur in der dritten Spalte stehen. Und
jetzt kommt's: Da muss sie auch stehen, weil sie ja im ersten Teilkästchen
ihren Platz haben muss.

Damit kann sie weiter unten nicht mehr in der dritten Spalte stehen.
Im linken mittleren Teilkästchen steht sie also garantiert in der ersten

Spalte. Daher kann sie im linken unteren Teilkästchen nicht mehr in der ersten Spalte stehen.

Also steht eine 8 in der achten Zeile und zweiten Spalte!

Damit ist die achte Zeile blockiert für eine weitere 8. Im unteren mittleren Teilkästchen steht daher eine 8 garantiert in der untersten Zeile.

Daher steht eine 8 in der siebten Zeile und siebten Spalte!

7			4			3	8	6
6	5		3					
1	3		2		6	5		
	7	3		8		6	4	
	4	6				9	3	
	1		6	4	3	7	5	
	6	1	7	3	4	8	2	5
	8	7		6	2		9	3
3	2	5					6	7

Abbildung 12.5: Obiges Sudoku jetzt mit den beiden gefundenen 8

Oh, oh, oh, das war nicht leicht. Gehen Sie doch bitte obige Zeilen noch mal ganz langsam durch und helfen Sie sich mit Ihren Fingerchen, die richtigen Zeilen und Spalten zu finden.

Mit diesen beiden Tricks sollte es nun gelingen, auch schwerere Sudokus zu knacken. Wir wünschen viel Spaß bei diesem Denksport.

Zum Schluss hier noch die Lösung des minimalen Sudokus von Abbildung 12.2 von Seite 133:

6	9	3	7	8	4	5	1	2
4	8	7	5	1	2	9	3	6
1	2	5	9	6	3	8	7	4
9	3	2	6	5	1	4	8	7
5	6	8	2	4	7	3	9	1
7	4	1	3	9	8	6	2	5
3	1	9	4	7	5	2	6	8
8	5	6	1	2	9	7	4	3
2	7	4	8	3	6	1	5	9

Abbildung 12.6: Die Lösung des minimalen Sudoku mit 17 Vorgaben

Kapitel 13

Mathematisch richtig denken

13.1 Einleitung

In diesem Kapitel möchte ich Sie gerne etwas genauer mit mathematischer Denkweise vertraut machen. Natürlich ist das kompliziert, in eine solche Wissenschaft hineinzuschauen; aber ich würde mich sehr freuen, wenn Sie, liebe Leserin, lieber Leser, am Ball blieben und versuchten, meinen Gedanken zu folgen. Wir wollen einige sehr einfache Probleme behandeln, um das richtige mathematische Denken zu demonstrieren. Vielleicht macht es Ihnen ja sogar Freude, mir zu folgen. Das wäre ein großes Geschenk für mich. Ich werde Ihnen dazu an verschiedenen Beispielen aus dem täglichen Leben, aber auch aus der rein abstrakten Gedankenwelt der Mathematik das richtige mathematische Denken demonstrieren.

Also packen wir es an.

13.2   Etwas Logik gefällig?

Es regnet

Was sagen Sie zu folgender Aussage:

> Wenn es regnet, ist die Straße nass.

Das kann richtig sein, muss es aber auch nicht. Es gibt ja sogar so einen verrückten Regen, da verdunsten die Tropfen kurz über dem Erdboden. Also solche Sonderfälle – vielleicht stehen Sie gerade im Tunnel! – wollen wir außer Acht lassen. Bitte lassen Sie uns diese Aussage mal als gegeben hinnehmen, sie möge für unsere kleine Straße vor unserem Haus richtig sein.

Wenn wir also diese Aussage als richtig anerkennen, ist dann die folgende Aussage auch richtig?

> Wenn es nicht regnet, ist die Straße trocken.

Da habe ich aber erhebliche logische Bedenken. Vielleicht bin ich ja gerade mit meiner Gießkanne unterwegs gewesen und habe die Straße nassgepitschert. Aus der ersten Aussage folgt also keineswegs die zweite. Wie ist es aber richtig?

Falls die erste Aussage stimmt, ist doch garantiert auch Folgendes richtig:

> Wenn die Straße trocken ist, hat es nicht geregnet.

Oh, noch mal langsam. Was haben wir da gemacht? Wir haben aus der nassen Straße die trockene gemacht und daraus auf das Gegenteil der ersten Halbaussage geschlossen: Dann hat es nicht geregnet.

Mathematisch läuft das auf die logische Abfolge hinaus:

$$\text{Aussage } A \text{ gilt} \quad \Longrightarrow \quad \text{Aussage } B \text{ gilt}$$

ist logisch gleichwertig mit:

$$\text{Aussage } B \text{ gilt nicht} \quad \Longrightarrow \quad \text{Aussage } A \text{ gilt nicht}$$

Das wird tatsächlich sehr oft im täglichen Leben falsch gemacht. Politiker scheinen diese falsche Schlussweise geradezu zu lieben.

Wir parken

In unserem Städtchen stehen seit einiger Zeit rings um die Altstadt herum die Schilder Nr. 325 der Straßenverkehrsordnung. Irgendwie ist in meinem Fahrschulunterricht dieses Schild nicht vorgekommen. Jedenfalls habe ich nach den ersten 10 € nachgeschlagen. Und tatsächlich, dieses Schild bedeutet unter anderem:

Parken in nicht gekennzeichneten Flächen ist verboten.

Unsere Stadtverwaltung mochte wohl nicht mit Verboten hantieren („Rasen betreten verboten!" oder „Betteln und Hausieren verboten" ...) und hat es daher etwas bürgerfreundlicher ausdrücken wollen. Damit unsere Gäste nicht wie ich erst die Bedeutung des Schildes unter Wikipedia nachschauen müssen, hat sie eine Erklärung unter die Schilder anbringen lassen. Dort steht jetzt:

Diese Angabe muss aus drei Gründen kritisiert werden:

1. Zunächst ist sie ja wohl eine Selbstverständlichkeit; denn stellen Sie sich vor, eine Stadt zeichnet Parkbuchten auf die Straße, aber das Parken dort wäre nicht erlaubt. Schilda ließe grüßen. Nein, das kann also nicht gemeint sein.

2. Diese Stadtverordnung sagt gar nichts über nicht gekennzeichnete Flächen. Dort könnte also Parken erlaubt sein oder verboten, während die Straßenverkehrsordnung es eindeutig verbietet.

3. Die Ausdrucksweise klingt freundlich, aber hat es etwas mit der Straßenverkehrsordnung zu tun? Nein, denn dort steht nichts über gekennzeichnete Flächen. Tatsächlich könnte es lt. Straßenverkehrsordnung sogar sein, dass auch in gekennzeichneten Flächen das Parken verboten ist. Das würden wir alle aber als böswillig empfinden.

Jetzt kommt die Mathematik. Analysieren wir genau:

Aussage A: „nicht gekennzeichnete Flächen"

Aussage B: „Parken verboten"

Straßenverkehrsordnung: $A \implies B$!

Wir drehen jetzt als Logiker zuerst die Aussage B um:

Aussage B nicht: „Parken erlaubt"

und bilden dann das Gegenteil der Aussage A:

Aussage A nicht: „gekennzeichnete Flächen"

Dann schließen wir korrekt:

Wo das Parken erlaubt ist, hat die Stadt Parkflächen gekennzeichnet.

Das ist die korrekte logische Umsetzung der Straßenverkehrsordnung. Logisch wäre es jetzt vertretbar, wenn die Stadt dort, wo sie das Parken nicht erlaubt, trotzdem Parkflächen kennzeichnen würde. Über diese Flächen ist ja nichts gesagt worden. Das wäre aber genauso böswillig wie oben unsere Deutung der Straßenverkehrsordnung.

Logisch korrekt können wir jetzt wieder zurückschließen, dass dort, wo keine Parkflächen gekennzeichnet sind, das Parken auch wirklich verboten ist.

Wenn wir jetzt unseren lieben Mitmenschen einen kurzen Hinweis geben wollen, so sollten wir schreiben:

Parken *nur* in eingezeichneten Flächen erlaubt!

Das kleine Wörtchen *nur* bringt's. Oh, diese Logik!

Die Karten lügen

Zu Hause habe ich mir folgendes Spiel überlegt: Ich bemale eine Anzahl von Karten. Auf weiße Blätter male ich auf die eine Seite große Buchstaben, auf die andere Seite Zahlen. Aber nur so bemalen, ist zu langweilig. Ich gebe mir eine Regel vor:

Wenn ich auf die eine Seite einen Vokal A,E,I,O oder U male, so will ich auf die andere Seite eine gerade Zahl $2, 4, 6, 8, \ldots$ malen.

Das hört sich auch nicht gerade lustig an. Aber jetzt komme ich und zeige Ihnen vier Karten:

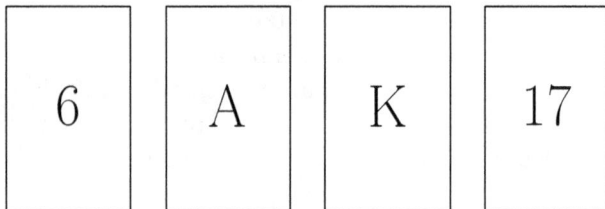

Abbildung 13.1: Vier von mir bemalte Karten, nur eine Seite sichtbar

Sie sind ja schon sehr misstrauisch geworden und denken nun wohl, dass ich bei meiner Regel gemogelt habe. Jetzt die entscheidende Frage:

Welche der gezeigten Karten müssen Sie prüfen, um zu sehen, ob ich meine Regel eingehalten habe?

Wir sind uns ziemlich schnell einig, dass Sie die zweite Karte mit dem Buchstaben A umdrehen müssen, um zu sehen, ob hinten drauf eine gerade Zahl steht. Ich zeige es hier nicht, aber hinten drauf steht eine 8, also Regel korrekt angewendet.

Die Frage, welche Karte wir noch überprüfen müssen, spaltet nun die Nation. Fast alle Menschen, die ich gefragt habe, meinten, wir müssten unbedingt die 6 überprüfen. Ist nämlich hinten drauf ein Konsonant, so hätte ich doch die Regel verletzt, oder? Oh, oh, so haben wir nicht gewettet. Wenn ich auf die eine Seite einen Konsonanten male, kann ich doch auf die andere Seite malen, was ich will. Es muss nur eine Zahl sein. Ich habe doch für Konsonanten keine Einschränkung vorgegeben.

Denken Sie an obige Logikregel Seite 141.

Wir wählen:

Aussage A: Vorne steht Vokal
Aussage B: hinten steht gerade Zahl

Dann ist mit unserer Regel:

$$A \implies B$$

gleichwertig die Aussage

$$\text{nicht } B \implies \text{nicht } A$$

Unsere Regel kann also so ausgedrückt werden:

> Wenn ich hinten eine ungerade Zahl male, so soll vorne kein
> Vokal, sondern ein Konsonant stehen.

So, jetzt noch mal: Was müssen wir prüfen? Richtig, die 17 ist ein möglicher Versager. Falls da auf der anderen Seite ein Vokal steht, habe ich gemogelt.

Wenn Sie jemanden mit dieser Frage konfrontieren, der Mathematik studiert hat, wird er oder sie Ihnen schnell die richtige Antwort präsentieren. Das bringt das Studium der Mathematik mit sich, dass Sie logisch gut drauf sind.

13.3   Wir kennen alle Vektorräume

In diesem Abschnitt wollen wir zeigen, welche Kraft in mathematischen Gedanken stecken kann. Aus wenigen Voraussetzungen können wir manchmal unglaublich viel erschließen. Hier geht es um die Vektorräume. Sicher haben viele schon in der Schule mit Vektoren gearbeitet. In der Technik braucht man sie an allen Ecken und Enden.

Eine leichte Vorstellung eines Vektors ist ein Pfeil, der eine bestimmte Richtung und eine bestimmte Länge hat. Wir wollen so einen Vektor mit einem kleinen Buchstaben, über den wir einen Pfeil setzen, bezeichnen. Diese Vektoren seien jetzt noch frei verschiebbar.

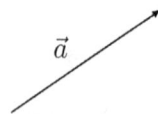

Abbildung 13.2: Ein Vektor

Wir wollen nicht verhehlen, dass diese leichte Erklärung tatsächlich nur eine vage Vorstellung gibt, sie taugt eigentlich nicht zur richtigen Erklärung. Aber die richtige Vorgehensweise überlassen wir wirklich den Mathematikern.

Nun weiter. Wenn wir uns auf einem Blatt Papier bewegen, so können wir dort viele solche Pfeile auftragen. Schon auf einem DIN-A4-Blatt können das leicht mehrere Hundert werden. Wenn wir den Bleistift als unendlich dünn ansehen, können wir tatsächlich unendlich viele solche Pfeile dort unterbringen. In der ganzen Ebene, die durch das Blatt bestimmt wird, bleiben es unendlich viele. Wie sollen wir diese Fülle in den Griff bekommen?

Eine gewisse Struktur erreichen wir, wenn wir mit den Pfeilen manipulieren können. Also wir sagen dazu, wir wollen mit ihnen rechnen. Das Erste, was uns einfällt, ist, dass wir zwei Pfeile addieren möchten. Dabei nutzen wir trefflich aus, dass Vektoren frei verschiebbar sind.

Die Addition machen wir nach folgender Vorschrift: Wir verschieben $\vec{b}$ parallel so, dass sein Anfangspunkt am Endpunkt von $\vec{a}$ liegt. Dann ist der Vektor vom Anfangspunkt von $\vec{a}$ zum Endpunkt von $\vec{b}$ der neue Vektor $\vec{a} + \vec{b}$.

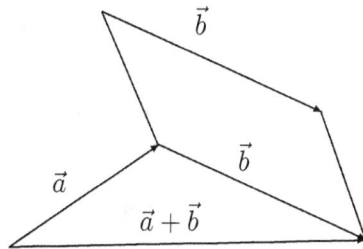

Abbildung 13.3: Addition der Vektoren $\vec{a}$ und $\vec{b}$

Eine zweite Operation ist die Verlängerung oder Verkürzung eines Vektors. Das geschieht sehr einfach durch Multiplikation des Vektors mit einer Zahl.

Der Vektor $\vec{a}$ wird also mit einer
Zahl dadurch multipliziert, dass
man die Länge des Vektors entsprechend ändert. Eine positive
Zahl größer als 1 verlängert den
Vektor, eine Zahl kleiner als 1
verkürzt ihn. Eine negative Zahl
kehrt die Richtung um.

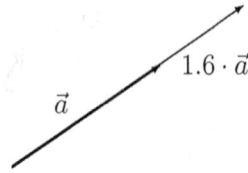

Abbildung 13.4: Multiplikation des
Vektors $\vec{a}$ mit der Zahl 1.6

Damit wir uns gemeinsam unterhalten können über weitere Eigenschaften
dieser Vektoren, müssen wir uns auf gemeinsame Rechenregeln einigen.
Die Gemeinde der Mathematiker hat das mit der folgenden Definition
getan:

Definition 13.1 *Unter einem Vektorraum verstehen wir eine Menge,
deren Elemente Vektoren heißen, in der wir zwei Operationen durchführen können, nämlich eine Addition zweier Vektoren und eine Multiplikation eines Vektors mit einer Zahl. Beide Male ergebe sich wieder ein
Vektor. Dabei wollen wir folgende Gesetze zulassen:*

1. *Assoziativgesetz:*
$$(\vec{a} + \vec{b}) + \vec{c} = \vec{a} + (\vec{b} + \vec{c})$$

2. *Kommutativgesetz:*
$$\vec{a} + \vec{b} = \vec{b} + \vec{a}$$

3. *Existenz der Null: Es gibt einen Vektor $\vec{o}$ mit*
$$\vec{a} + \vec{o} = \vec{a}$$

4. *Existenz des Inversen: Zu jedem Vektor $\vec{a} \neq \vec{o}$ gibt es einen Vektor
$-\vec{a}$ mit*
$$\vec{a} + (-\vec{a}) = \vec{o}$$

5. Assoziativgesetze:

$$(\alpha \cdot \beta) \cdot \vec{a} = \alpha \cdot (\beta \cdot \vec{a}), \qquad 1 \cdot \vec{a} = \vec{a}$$

6. Distributivgesetze:

$$\alpha \cdot (\vec{a} + \vec{b}) = \alpha \cdot \vec{a} + \alpha \cdot \vec{b}, \qquad (\alpha + \beta) \cdot \vec{a} = \alpha \cdot \vec{a} + \beta \cdot \vec{a}$$

Das sind eine Menge Gesetze, die die armen Studierenden im ersten Semester auswendig zu lernen haben.

Dieses Zeichnen von Vektoren ist ja ganz anschaulich, auf die Dauer aber auch etwas nervig. Kann man da nicht irgendwie noch mehr durch einfaches Rechnen erreichen? Dies schien eine ziemlich komplizierte Frage, bis René Descartes[1], ein französischer Mathematiker, kam und eine geniale Idee präsentierte. Wir sprechen noch heute ihm zu Ehren vom Kartesischen Koordinatensystem.

Descartes führte ein Koordinatensystem ein, indem er irgendwo einen Nullpunkt festlegte und dort zwei Geraden durchlegte, die sich rechtwinklig schneiden. Die waagerechte Gerade nannte er x-Achse, die senkrechte y-Achse.

Dann aber erst kam er mit der wirklich genialen Idee. Schauen Sie sich das folgende Bild an. Wir haben durch den Endpunkt des Vektors Parallelen zu den Achsen gezeichnet.

Wenn wir jetzt den Vektor $\vec{e}_1$ mit a multiplizieren, entsteht der Vektor, der vom Nullpunkt bis zum Punkt a auf der x-Achse geht. Wenn wir den Vektor $\vec{e}_2$ mit b multiplizieren, erhalten wir einen Vektor vom Nullpunkt nach b auf der y-Achse. Diesen Vektor verschieben wir jetzt parallel zum Punkt a auf der x-Achse.

---

[1]R. Descartes (1596–1650)

Auf jeder der beiden Achsen leg-
te er eine Grundeinheit fest, die
er 1 nannte. Die positive 1 liegt
auf der x-Achse rechts vom Nullpunkt, auf der y-Achse oberhalb
des Nullpunktes. Dann ergab sich
die 2, die 3, die -1, -2 usw.
auf natürliche Weise. Schließlich
nannte er den Vektor vom Nullpunkt bis zur 1 auf der x-Achse
$\vec{e_1}$, den Vektor vom Nullpunkt zur
1 auf der y-Achse $\vec{e_2}$.

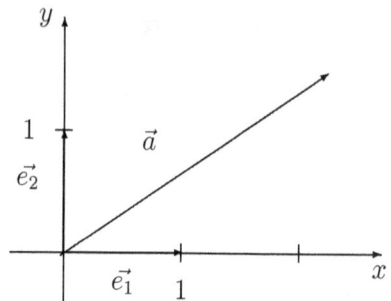

Abbildung 13.5: Koordinatensystem
von Descartes

Den Schnittpunkt der nach
unten gehenden Parallelen
zur y-Achse haben wir a
genannt, den Schnittpunkt
der waagerechten Parallelen
mit der y-Achse sei b. Daher
haben wir den eingezeichneten Vektor (a, b) genannt.

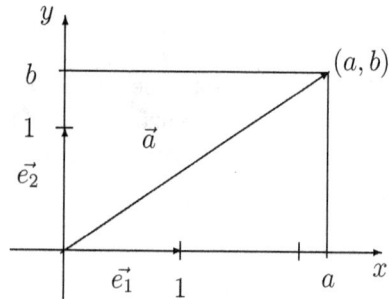

Abbildung 13.6: Darstellung von Vektoren
nach Descartes

Können Sie jetzt sehen, dass der Vektor (a, b) auch dadurch entsteht, dass
wir den Vektor $a \cdot \vec{e_1}$ zum Vektor $b \cdot \vec{e_2}$ addieren? Das ist die geniale Idee
von Descartes. Er erkannte, dass man jeden beliebigen Vektor nur mit
den zwei Vektoren $\vec{e_1}$ und $\vec{e_2}$ erhalten kann. Man braucht keinen weiteren
Vektor. Nur zwei Stück reichen, um alle anderen Vektoren des Blattes
oder sogar der ganze Ebene, die durch das Blatt geht, darzustellen. Das
ist doch fast unglaublich. Zwei so einfache Vektoren reichen aus, alle
anderen zu erhalten.

Definition 13.2 *Die wenigen Vektoren eines Vektorraums, mit denen wir alle anderen Vektoren erzeugen können, nennen wir eine Basis des Vektorraums.*

Man muss hier noch etwas aufpassen. Im Prinzip kann man oben für die Ebene ja die Vektoren $\vec{e}_1$ und $\vec{e}_2$ nehmen, aber genauso könnte man die Vektoren $\vec{e}_1$ und $\vec{e}_2$ und dazu noch den Vektor $2 \cdot \vec{e}_1$ nehmen. Es macht aber natürlich nicht viel Sinn, diesen dritten, den ich durch die anderen beiden schon herstellen kann, noch extra dazuzunehmen. Hier gebrauchen wir in der Mathematik den Begriff: Die Vektoren einer Basis müssen linear unabhängig sein.

Ganz wichtig ist folgende Erkenntnis:

Satz 13.1 *Jeder Vektorraum hat eine Basis.*

Das ist ein Hammersatz. Um ihn zu beweisen, braucht man echt starke Hilfsmittel aus der dunklen Kiste der Mathematik. Sie müssen bedenken, dieser Satz behauptet die Existenz einer Basis für jeden Vektorraum. Am besten zeigt man die Existenz von etwas dadurch, dass man es angibt. Das geht hier aber nicht. Es gibt zu viele Vektorräume. Der Trick ist richtig tiefsinnig: Wir benutzen das Auswahlaxiom, ein mathematisches Werkzeug der Extraklasse. Das müssen wir einem Studium der Mathematik überlassen.

Dafür haben wir es mit der folgenden Aussage recht leicht:

Satz 13.2 *Alle Basen eines Vektorraumes haben gleich viele Elemente.*

Hier wird über Vorhandenes gesprochen. Wir haben ja jetzt die Basen und vergleichen sie miteinander. Das geht wirklich ziemlich einfach.

Nachdem wir das herausgefunden haben, bietet es sich an, diese Gemeinsamkeit mit einem gemeinsamen Namen zu versehen:

Definition 13.3 *Die gemeinsame Anzahl der Elemente einer Basis eines Vektorraumes nennen wir die Dimension des Vektorraums.*

Jetzt kommt ein verblüffender Satz, der aber auch nicht schwer zu beweisen ist:

Satz 13.3 *Vektorräume derselben Dimension sind algebraisch nicht zu unterscheiden. In mathematischer Fachsprache sagen wir, sie sind algebraisch isomorph.*

Das bedeutet: Wir müssen uns gar nicht mehr auf die Suche nach allen Vektorräumen machen, sondern können uns darauf beschränken, von jeder Dimension einen einzigen zu kennen. Das ist eine erhebliche Hilfe. Und jetzt komme ich mit der Behauptung, dass ich zu jeder x-beliebigen Dimension, die Sie mir an den Kopf knallen, einen Vektorraum kenne. Das wäre doch phantastisch, aber wie soll das gehen?

Na, schauen Sie her.

Beispiel 13.1 *Ein Vektorraum der Dimension 1234: Die Zahl 1234 habe ich mir einfach ausgedacht. Sie werden sehen, wenn Sie eine andere Lieblingszahl haben, so können Sie gleich anschließend einen Vektorraum Ihrer Lieblingsdimension aufschreiben. Glauben Sie mir nicht? Warten Sie's nur ab!*

Um den Vektorraum der Dimension 1234 mit all seinen unendlich vielen Vektoren zu beschreiben, brauchen wir nur eine Basis aus 1234 vielen Elementen. Sie werden es nicht glauben wollen, aber die gebe ich Ihnen jetzt an. Und das ist auch noch ganz leicht. Das erste Basiselement ist der Vektor

$$\vec{e}_1 = (1, 0, \dots, 0).$$

Dabei war es mir zu langweilig, die 1233 vielen Nullen aufzuschreiben. Ich habe Pünktchen gesetzt. Das zweite Basiselement lautet

$$\vec{e_2} = (0, 1, 0, \ldots, 0)$$

und hat hinter der 1 nur 1232 viele Nullen. Na, so geht das weiter. Ich schreibe jetzt nur noch das letzte, also das 1234. Basiselement auf:

$$\vec{e}_{1234} = (0, \ldots, 0, 1).$$

Da stehen jetzt 1233 viele Nullen am Anfang. Das war doch leicht, oder? Hätte man auch selbst drauf kommen können. Übrigens, das ist ein typischer Effekt in der Mathematik. Hat man etwas verstanden, ist es furchtbar leicht. Hat man noch Schwierigkeiten, steht man vor einem riesigen Berg.

Dass Sie aus diesen alle Vektoren dieses Vektorraumes erzeugen können, leuchtet Ihnen hoffentlich mit Hilfe des Tricks von Descartes ein.

War das nicht eine unglaubliche Geschichte? Am Anfang kannten Sie überhaupt keinen Vektorraum, und knapp sechs Seiten weiter, kennen Sie jetzt alle, wirklich alle! Na gut, alle mit einer endlichen Dimension, aber das sind furchtbar viele, nämlich unendlich viele. Und die kennen Sie alle miteinander. Das ist doch ein tolles Ergebnis und hat die Anstrengung gelohnt, oder?

13.4 Schulden mal Schulden = Guthaben?

Haben Sie sich das nicht auch schon öfter gefragt? Warum ist

$$(-1) \cdot (-1) = +1?$$

Das kann man auch so sagen:

Negatives multipliziert mit Negativem ergibt etwas Positives!

Oder wir drücken es noch kürzer wie in unserer Überschrift dieses Abschnittes aus. Gerne würde ich das mit meiner Bank bereden.

Aber hier geht es um einfaches Rechnen mit Zahlen. Als mathematische Struktur betrachten wir einen Zahlkörper, in der Mathematik nennt man das Gebilde, das wir nun vorstellen wollen, einfach Körper.

Dazu müssen wir uns zuerst mal darüber einigen, was wir als Rechengesetze zulassen wollen. So wie oben bei den Vektorräumen haben sich die Mathematiker in der ganzen Welt auf folgende Grundlagen verständigt.

Definition 13.4 *Unter einem Körper verstehen wir eine Menge, deren Elemente Zahlen heißen, in der wir zwei Operationen durchführen können, nämlich eine Addition zweier Zahlen und eine Multiplikation zweier Zahlen. Beide Male ergebe sich wieder eine Zahl. Dabei wollen wir folgende Gesetze zulassen:*

1. Assoziativgesetz bezgl. +:

$$(a + b) + c = a + (b + c)$$

2. Kommutativgesetz bezgl. +

$$a + b = b + a$$

3. Existenz der Null bezgl. +: Es gibt genau eine Zahl 0 mit

$$a + 0 = a$$

4. *Existenz des Inversen bezgl.* $+$: *Zu jeder Zahl* $a \neq 0$ *gibt es genau eine Zahl* $-a$ *mit*

$$a + (-a) = 0$$

5. *Assoziativgesetz bezgl.* $\cdot$:

$$(a \cdot b) \cdot c = a \cdot (b \cdot c)$$

6. *Kommutativgesetz bezgl.* $\cdot$:

$$a \cdot b = b \cdot a$$

7. *Existenz der Eins bezgl.* $\cdot$: *Es gibt genau eine Zahl 1 mit*

$$a \cdot 1 = a$$

8. *Existenz des Inversen bezgl.* $\cdot$: *Zu jeder Zahl* $a \neq 0$ *gibt es genau eine Zahl* $\frac{1}{a}$ *mit*

$$a \cdot \frac{1}{a} = 1$$

9. *Distributivgesetz:*

$$a \cdot (b + c) = a \cdot b + a \cdot c$$

10.

$$0 \neq 1$$

Das sind noch mehr Gesetze, die unsere Erstsemester auswendig lernen müssen. Dabei ist das gar nicht so schwer, wie es scheint. Die Gesetze 5. bis 8. sind doch fast identisch mit den Gesetzen 1. bis 4. Die ersten beziehen sich auf die Addition, die zweiten auf die Multiplikation. Damit wir nicht durch Null teilen, haben wir im Gesetz 8. die 0 ausgenommen. 9. ist eine Verbindung zwischen Addition und Multiplikation. Das Gesetz 10.

verhindert, dass wir als Zahlkörper nur die Menge mit dem einen Element 0 betrachten können. Der kleinste Zahlkörper muss also zwei Elemente enthalten, nämlich die 0 und die 1. Haben Sie davon gehört, dass in Computern tatsächlich nur mit diesen beiden Zahlen gerechnet wird? Intern werden dort Schalter bedient. 0 bedeutet Strom aus, 1 bedeutet Strom an. Das einzige Problem ist die Frage, was ist $1 + 1 =$? Die 2 gibt es ja nicht. Nun, da setzen wir einfach

$$1 + 1 = 0.$$

Damit können Sie alle obigen Gesetze überprüfen. Sie haben den kleinsten Zahlkörper der Welt gefunden.

So, jetzt haben wir uns geeinigt, wie wir rechnen wollen, und können loslegen.

Satz 13.4 *Es gilt*

$$0 \cdot a = 0 \qquad \textit{für alle Zahlen } a.$$

Warum das? Wir nutzen die Eigenschaft der 0 aus und sehen:

$$0 + 0 = 0.$$

Dann folgern wir mit dem Distributivgesetz 9.

$$0 \cdot a = (0 + 0) \cdot a = 0 \cdot a + 0 \cdot a.$$

Jetzt müssen wir haarscharf nachdenken. Wir haben gerade gezeigt

$$0 \cdot a = 0 \cdot a + 0 \cdot a.$$

Das sieht aus wie $c = c + c$. Schauen Sie auf das Gesetz 3., dann sehen wir, dass die einzige Zahl, die man, ohne die Zahl zu ändern, zu ihr addieren darf, die 0 ist, also ist

$$0 \cdot a = 0.$$

Ehrlich, das war ganz schön happige Logik

Satz 13.5 *Es gilt*

$$(-1) \cdot a = -a \qquad \text{für alle Zahlen} \quad a.$$

Auch das ist nicht schwer zu beweisen. Wir müssen ja nur zeigen: Wenn wir eine Zahl mit -1 multiplizieren, kommt ihre bezgl. $+$ Inverse heraus. Das heißt also, wir müssen zeigen:

$$a + (-1) \cdot a = 0,$$

so war das mit der Inversen. Jetzt überlegen wir. Es ist ja nach Gesetz 7.

$$a = 1 \cdot a.$$

Dann ergibt sich

$$a + (-1) \cdot a = 1 \cdot a + (-1) \cdot a = (1 + (-1)) \cdot a = 0 \cdot a = 0,$$

wie wir gerade eben überlegt hatten. Wieder musste zwischendurch das Distributivgesetz 9. herhalten.

Wenn wir also eine Zahl mit -1 multiplizieren, kommt ihre bezgl. der Addition inverse Zahl heraus.

Jetzt sind wir fertig mit unseren Schulden; denn wenn wir jetzt Schulden $-a$ mit -1 multiplizieren, kommt das Inverse, also ein Guthaben $+a$ heraus:

$$(-1) \cdot (-a) = a.$$

Wenn wir jetzt noch Schulden $-a$ mit anderen Schulden $-b$ multiplizieren, ergibt sich das Guthaben $+a \cdot b$:

$$(-a) \cdot (-b) = a \cdot b$$

13.5 Axiome

Falls Sie mir bis hierher gefolgt sind, so haben sie ganz nebenbei etwas sehr Wichtiges über die Grundlagen der Mathematik kennen gelernt. In den Definitionen 13.1 und 13.4 haben wir uns Rechenregeln vorgegeben, die wir für den jeweiligen Abschnitt beibehalten haben. Sie sehen ziemlich willkürlich aus, machen aber Sinn. Was Sie verstehen sollten, ist, dass es Festlegungen sind, keine Sätze, die man beweisen muss. So etwas nennen wir in der Mathematik „Axiome". Das sind also Festlegungen, auf die wir uns einigen und über die wir dann zu weiteren Schlussfolgerungen gelangen.

Vielfach wird erklärt, dass in der Mathematik absolute Wahrheiten zu finden seien. Als Beispiel wird genannt:

$$1 + 1 = 2.$$

Das gilt doch wohl überall auf der Welt. Halt, wir haben oben schon auf den Zahlkörper mit nur zwei Elementen, wie er in den Computern verwendet wird, hingewiesen. Dieser dumme Knecht rechnet aber

$$1 + 1 = 0.$$

Also, wenn wir uns einigen, was die „1" ist, was wir mit „+" meinen, was die „2" ist und was das Zeichen „=" bedeutet, dann kann ich beweisen, dass in den reellen Zahlen z.B. $1 + 1 = 2$ herauskommt. Aber notwendig sind die vereinbarten Voraussetzungen, also unsere Axiome. Das ist aber doch ziemlich relativ!

13.6 Mathematik ist Logik

Mit diesem Spiel haben Sie ganz leicht den wichtigsten Punkt der Mathematik kennengelernt. Es geht darum, durch sauberes logisches Schließen zu neuen Aussagen zu gelangen. Mathematik ist reine Logik.

Ein guter Bekannter begrüßte mich eines Tages auf der Straße:

> Hallo, ich möchte mich gerne mit Ihnen geistig duellieren.
> Aber ich sehe, Sie sind unbewaffnet!

Da war mein Logik-Ego ganz schön angekickt, aber ich habe gelacht.

Kapitel 14

Wie funktioniert eigentlich GPS?

14.1 Einleitung

Da haben wir mal eine Tour zu meinem Bruder nach München gemacht und dabei meine Schwester in Kassel aufgelesen. Wir hatten unser Navigationssystem eingeschaltet. Als wir nun einige Zeit mit den Angaben „Bitte rechts abbiegen" „Der Parallelfahrbahn weiter folgen" gefahren waren, fragte meine Schwester entgeistert: Woher weiß die Dame dort im Gerät, die ja dauernd mit uns telefoniert, eigentlich, wo wir gerade sind?

Das klang witzig, muss man aber nicht drüber lächeln. Woher soll jemand, der sich nicht dauernd mit den modernen Medien befasst, wissen, wie das funktioniert. Natürlich telefoniert da niemand mit uns. Aber woher weiß diese Dame oder entsprechend einstellbar dieser Herr tatsächlich, wo wir gerade sind? Wissen Sie es, wie das funktioniert? Also bitte nicht lächeln, sondern erst weiterlesen.

14.2   So einfach ist das

Hinter dem Geheimnis steckt nur etwas simple Geometrie und eine ungeheure Technik. Ein kleiner Kasten in unserem Auto versucht, Kontakt mit einem Satelliten aufzunehmen. Davon sind ja etliche, wahrscheinlich schon zu viele über unseren Köpfen in der höheren Atmosphäre, Weltraum sollten wir das noch nicht nennen. Einige sind schon ganz schön weit entfernt, nämlich ungefähr 20.000 km. Dort kreisen sie für ihre Verhältnisse ganz schön langsam um die Erde, fast immer auf derselben Bahn. Das ist für die armen natürlich langweilig, für uns aber ganz schön nützlich.

Der erste Satellit

Unser kleiner Kasten misst nun ziemlich genau die Entfernung zu einem dieser Satelliten. Da steckt echt viel Technik dahinter, über die wir uns hier nicht auslassen wollen.

Nun kommt die Denkerfrage: Wenn wir genau den Abstand zu diesem Satelliten kennen, wo befinden wir uns dann? Betrachten Sie ein Blatt Papier und dort mitten drauf einen Punkt Z. Wo liegen dann alle Punkte, die von diesem einen Punkt Z den gleichen Abstand haben? Klar, die liegen alle auf dem Kreis um diesen Punkt Z mit dem gemessenen Abstand als Radius.

Graphisch machen wir jetzt ein Daumenkino. Die drei folgenden Bilder können Sie sich also übereinandergelegt denken.

Hier sind wir jetzt im Raum. Dort liegen dann alle Punkte, die den gleichen Abstand von diesem Satelliten haben, auf einer Kugel mit dem gemessenen Abstand als Radius. Unser Auto ist ein Punkt dieser Kugel. Wir wollen uns natürlich nur auf der Erde aufhalten, die Gravitation zwingt uns dazu. Diese gedachte Kugel mit dem gemessenen Abstand schneidet die Erdoberfläche – falls diese eine Kugel wäre, wir kommen später darauf zurück – na, richtig, in einem Kreis.

Mit einem Satelliten wissen wir also, dass wir uns auf einem Kreis auf der Erdoberfläche befinden. Und diesen Kreis kennen wir, wenn wir den Abstand kennen.

Irgendwo auf dem eingetragenen Kreis befinden wir uns, vielleicht in Würzburg oder in Kassel oder wer weiß ...

Der zweite Satellit

Jetzt geht das Spiel mit einem zweiten Satelliten weiter. Unser Kasten misst auch die Entfernung zum zweiten Satelliten. Wir schließen wie-

der auf einen Kreis, auf dem wir uns gerade befinden. Da wir uns nicht zweiteilen wollen und können, sind wir also auf einem der beiden Schnittpunkte dieser beiden Kreise. Da haben wir unsere Suche, wo wir gerade sind, auf zwei Punkte eingeschränkt.

Hier bleiben nur zwei Orte: Kassel oder ein Ort in der Nähe von Köln.

Der dritte Satellit

Na und jetzt ist doch klar, was wir weiter treiben. Wir messen auch noch den Abstand zu einem dritten Satelliten. Wieder finden wir einen Kreis. Es gibt jetzt natürlich nur einen gemeinsamen Schnittpunkt dieser drei Kreise, und das ist unser Aufenthaltsort.

Der dritte Kreis, den wir durch den Abstand zum dritten Satelliten erhalten, gibt uns Klarheit: Wir sind in Kassel!

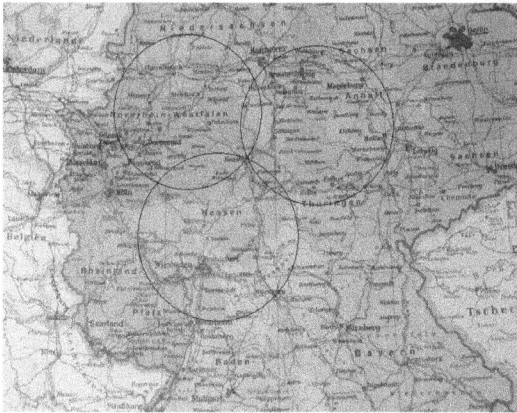

14.3   Die genaue Abstandsmessung

Das hört sich so leicht und locker an: Wir messen den Abstand unseres
GPS-Empfängers im Auto zu einem der Satelliten. Aber wie geht das
denn wirklich? Ich kann doch kein Maßband bis zum Satelliten ausrollen!

Das macht man über die gute alte Geschwindigkeitsformel:

$$\text{Geschwindigkeit } v = \frac{\text{Weg } w}{\text{Zeit } t}.$$

In dieser Gleichung kennen wir die Geschwindigkeit des Signals, es ist die
Lichtgeschwindigkeit c

$$v = c = 300\ 000\ \frac{\text{km}}{\text{s}}.$$

Wir erzählen im Abschnitt 14.4, wie wir das modifizieren müssen. Und
wir versuchen, die Zeit t zu messen, die das Signal vom Satelliten zu
uns benötigt. Dann können wir diese Gleichung nach dem Weg w, also
unserem Abstand zum Satelliten, auflösen.

$$\text{Abstand } w = \text{Geschwindigkeit } c \cdot \text{Zeit } t.$$

Der Wurm aber liegt in der Zeitmessung. Bei dieser großen Entfernung wollen wir ja den Abstand, na, so auf 2 bis 3 Meter genau messen. Da muss man sehr genaue Uhren haben. So was Gutes baut uns kein Autobauer in unser Auto. Die Satellitenabschießer aber haben solch genaue Uhren und bauen sie in die Satelliten ein. Was machen wir also? Wir lassen uns die supergenaue Zeit von einem vierten Satelliten mitteilen. Dann hätten wir alles zusammen und könnten rechnen, wenn, ja wenn da nicht noch mehr Würmer im Gebälk ihr Unwesen trieben.

14.4 Einsteins spezielle Relativitätstheorie

Vier Satelliten zu sehen, ist also die Aufgabe unseres GPS-Empfängers. Dazu sind 24 Satelliten in den Orbit geschickt worden, die jetzt die Erde in einer Höhe von ca. 20.000 km umkreisen. Und das tut jeder einzelne zweimal pro Tag.

Machen wir uns das Vergnügen und rechnen mal die Geschwindigkeit eines solchen Satelliten aus.

Der Kerl fliegt genau in 20.183 km Höhe und zweimal pro Tag um die Erde. Wir müssen daher die Länge seiner Kreisbahn berechnen. Der Radius dieses Kreises ist der Abstand des Satelliten von der Erdoberfläche plus dem Erdradius. Dieser Beträgt ungefähr 6.370 Kilometer. Ungefähr, weil die Erde ja keine genaue Kugel, sondern an den Polen abgeplattet ist. Im Poldurchmesser fehlen ihr satte 21 Kilometer gegenüber dem Äquatordurchmesser.

Der Satellit fliegt damit auf einer Kreisbahn mit dem Radius

$$r = 20183 + 6370 = 26\,553.$$

Daraus ergibt sich die Länge der Kreisbahn als der Umfang U dieses Kreises

$$U = 2 \cdot \pi \cdot r = 2 \cdot \pi \cdot 26\,553 = 166\,837,27854.$$

Für diese gewaltige Strecke braucht er 12 Stunden. Dann ist das eine Geschwindigkeit v von

$$v = \frac{166\,837,27854 \text{ km}}{12 \text{ h}} = 13\,903,106545\,\frac{\text{km}}{\text{h}}$$

Ganz schön heißer Ofen, dieser Kleine. Wenn wir das noch durch $60 \cdot 60 = 3600$ teilen, so erhalten wir die Geschwindigkeit in Kilometern pro Sekunde:

$$v = \frac{13\,903,106545 \text{ km}}{3600 \text{ s}} = 3,86\frac{\text{km}}{\text{s}}.$$

Der schafft also rund 4 km pro Sekunde. Das ist schon flink, aber das Licht macht

$$c = 300\,000\frac{\text{km}}{\text{s}}.$$

Das ist noch viel flinker. Trotzdem erinnern wir uns an das Kapitel über das Zwillingsparadoxon im Buch „Können Hunde rechnen?" [9]. Dort haben wir die Formel von Albert Einstein zur Zeitdilatation bei schnellen Bewegungen aufgeschrieben. Der Satz lautete:

Satz 14.1 (Zeitdilatation) *Eine mit der Geschwindigkeit v bewegte Uhr geht langsamer. Zeigt eine bewegte Uhr die Zeit t' an und bezeichnen wir die Zeit in dem System, von dem aus wir die bewegte Uhr beobachten, mit t, so gilt*

$$t' = t \cdot \sqrt{1 - v^2/c^2}, \qquad c \text{ Lichtgeschwindigkeit.} \tag{14.1}$$

Der Faktor $\sqrt{1 - v^2/c^2}$, mit c Lichtgeschwindigkeit, gibt also die Zeitverzögerung an. Wir rechnen:

$$\sqrt{1 - \frac{v^2}{c^2}} = \sqrt{1 - \frac{3.86^2}{300000^2}} = 0,99999999983.$$

Dann ist das Verhältnis t'/t also gleich

$$\frac{t'}{t} = 0,99999999983 = 1 - 0.8277 \cdot 10^{-10}.$$

Aus der speziellen Relativitätstheorie folgt also, dass wir die Zeitabläufe im Satelliten um etwa $0.8277 \cdot 10^{-8}$ Prozent überschätzen.

Das ist nicht wirklich sehr viel, aber wir wollen doch etwas über den Abstand Satellit – Auto wissen. Der ist ja ziemlich groß, und wir möchten schon recht genau wissen, wo wir gerade sind.

14.5 Einsteins allgemeine Relativitätstheorie

Ein weiterer erstaunlicher Effekt in der Zeitmessung wird durch die Gravitation hervorgerufen. Albert Einstein hat dies in seiner Allgemeinen Relativitätstheorie ausgerechnet. Diese Theorie ist mathematisch so anspruchsvoll, dass wir hier nur ein Ergebnis zitieren wollen.

Eine Uhr reise in einem Satelliten hoch über der Erde, für sie nennen wir die Zeit t'. Auf der Erde haben wir ebenfalls eine Uhr, die die Zeit t misst. Dann sagt Herr Einstein, dass wir die Beziehung beachten müssen:

$$t' = t \cdot \left(1 + \frac{P}{c^2}\right).$$

Dabei ist P die Potentialdifferenz zwischen der Uhr im Satelliten und unserer Erduhr. Wenn wir die genauen Daten der Gravitation im Satelliten und auf der Erde verwenden – sie hängen im Wesentlichen vom Abstand zum Erdmittelpunkt ab –, so erhalten wir

$$t' = t \cdot 1.000000000528 = t \cdot (1 + 5.28 \cdot 10^{-10}).$$

Die allgemeine Relativitätstheorie erzählt uns also, dass wir die Zeitabläufe im Satelliten um etwa $5.28 \cdot 10^{-8}$ Prozent unterschätzen. Das ist das positive Rechenzeichen ‚+'.

14.6 Relativistische Korrektur

Fassen wir die Ergebnisse aus den Relativitätstheorien zusammen:

- Aus der speziellen Relativitätstheorie entnehmen wir, dass wir die Zeitabläufe im Satelliten um etwa $0.8277 \cdot 10^{-8}$ Prozent überschätzen.

- Aus der allgemeinen Relativitätstheorie entnehmen wir, dass wir die Zeitabläufe im Satelliten um etwa $5.28 \cdot 10^{-8}$ Prozent unterschätzen.

Insgesamt überschätzen wir also Satellitenzeiten um

$$(5.28 - 0.8277) \cdot 10^{-8} = 4.4523 \cdot 10^{-8} \text{ Prozent.}$$

14.7 Der relativistische Fehler

Während einer Zeitspanne T wäre demnach unser (absoluter) Fehler

$$4.4523 \cdot 10^{-10} \cdot T.$$

Fragen wir nach der Längenbestimmung, so müssen wir das mit der Lichtgeschwindigkeit $c = 300\,000$ km/s multiplizieren und erhalten

$$4.4523 \cdot 10^{-10} \cdot c \cdot T = 13.3569 \cdot T \text{ cm},$$

wobei wir die Zeit in Sekunden angeben müssen. In einer Sekunde sind das also 13.3569 cm, und in einer Stunde schon 480.8484 m. Das summiert sich also ganz schön.

Kapitel 15

Mathematischer Geburtstag

Freund Uwe war es, der mich zu seinem Geburtstag einlud. Aber seine Karte war sehr mysteriös. Sie lautete:

Sei willkommen zur

$$\lim_{t \to 0} \int_0^{0.3\pi} \sum_{n=0}^{\infty} \frac{(4t^2 + 8\cos t - 8) \cdot 0.992^n}{\cos^2\left(\frac{5x}{6}\right) \cdot t^4} \, dx \qquad \text{-sten} \qquad (15.1)$$

Wiederkehr meines Geburtstages.

Das war hart, denn es sah nach richtig viel Analysis aus. Und tatsächlich, ich wurde nicht enttäuscht. Aber nicht verzagen. Wir sehen schon, wie wir argumentieren müssen. Das wichtigste: Wir müssen ordnen. Drei wesentliche Symbole wollen uns das Leben schwer machen. Das ist der Limes lim, das Integral $\int$ und dann die Summe $\sum$.

Entscheidender Punkt: Wir müssen von drinnen nach draußen arbeiten, also zuerst die Summe $\sum$, dann das Integral $\int$ und dann der Limes lim.

15.1   Unendliche Summe

Betrachten wir isoliert nur die Summe:

$$\sum_{n=0}^{\infty} \frac{(4t^2 + 8\cos t - 8) \cdot 0.992^n}{\cos^2\left(\frac{5x}{6}\right) \cdot t^4}.$$

Die Summe geht über n. Aber da stecken doch jede Menge Terme, die gar nicht von n abhängen. Die können wir also locker vor das Summenzeichen ziehen:

$$\sum_{n=0}^{\infty} \frac{(4t^2 + 8\cos t - 8) \cdot 0.992^n}{\cos^2\left(\frac{5x}{6}\right) \cdot t^4} = \frac{(4t^2 + 8\cos t - 8)}{\cos^2\left(\frac{5x}{6}\right) \cdot t^4} \cdot \sum_{n=0}^{\infty} 0.992^n.$$

Wir betrachten also isoliert die Summe

$$\sum_{n=0}^{\infty} 0.992^n.$$

Das ist eine unendliche Summe, wir sprechen von der geometrischen Reihe. Allgemein lautet sie:

$$\sum_{n=0}^{\infty} a^n.$$

Ist dabei $|a| < 1$, so kann man das Ergebnis der unendlich vielen Additionen tatsächlich angeben:

$$\sum_{n=0}^{\infty} a^n = \frac{1}{1-a}, \qquad \text{falls } |a| < 1.$$

Das wenden wir hier an und haben schon das erste Sysmbol abgearbeitet:

$$\sum_{n=0}^{\infty} 0.992^n = \frac{1}{1 - 0.992} = \frac{1}{0.008} = 125.$$

War doch gar nicht schwer, wenn man die geometrische Reihe aus der Schule noch auf der Pfanne hat.

Unsere Formel (15.1) nimmt jetzt also die Gestalt an:

$$\lim_{t \to 0} \int_0^{0.3\pi} \sum_{n=0}^{\infty} \frac{(4t^2 + 8\cos t - 8) \cdot 0.992^n}{\cos^2\left(\frac{5x}{6}\right) \cdot t^4} \, dx$$

$$= \lim_{t \to 0} \int_0^{0.3\pi} \frac{(4t^2 + 8\cos t - 8)}{\cos^2\left(\frac{5x}{6}\right) \cdot t^4} \cdot 125 \, dx. \tag{15.2}$$

15.2 Das Integral

Auf zum Integral. Das sieht nur schrecklich aus, ist aber mit unseren Schulkenntnissen auch zu knacken. Wir betrachten also:

$$\int_0^{0.3\pi} \frac{(4t^2 + 8\cos t - 8)}{\cos^2\left(\frac{5x}{6}\right) \cdot t^4} \cdot 125 \, dx.$$

Integriert wird über x, alle Terme ohne x können wir also vor das Integral ziehen und es bleibt:

$$\frac{4t^2 + 8\cos t - 8}{t^4} \cdot 125 \cdot \int_0^{0.3\pi} \frac{1}{\cos^2\left(\frac{5x}{6}\right)} \, dx.$$

Das sieht doch schon recht übersichtlich aus. Die Faktoren vor dem Integral interessieren uns erst später. Wir suchen eine Stammfunktion für die Funktion $1/\cos^2 x$. Da blättern wir einfach in Formelsammlungen und finden

$$\int \frac{dx}{\cos^2 ax} = \frac{1}{a} \cdot \tan ax.$$

Schauen wir genau hin, wir haben $a = \frac{5}{6}$. Also folgt

$$\int_0^{0.3\pi} \frac{1}{\cos^2\left(\frac{5x}{6}\right)}\,dx = \frac{6}{5} \cdot \tan\frac{5x}{6}\bigg|_0^{0.3\pi} = \frac{5}{6} \cdot \left(\tan\frac{5 \cdot 0.3\,\pi}{6} - \tan 0\right)$$

$$= \frac{6}{5} \cdot \tan\frac{\pi}{4} = \frac{6}{5},$$

denn $\tan\frac{\pi}{4} = 1$.

Der verbleibende Term ist also reduziert auf:

$$\int_0^{0.3\pi} \frac{(4t^2 + 8\cos t - 8)}{\cos^2\left(\frac{5x}{6}\right) \cdot t^4} \cdot 125\,dx$$

$$= \frac{4t^2 + 8\cos t - 8}{t^4} \cdot 125 \cdot \frac{6}{5}.$$

Unsere Geburtstagsformel ist damit auf folgende Rechnung zusammen geschmolzen:

$$\lim_{t \to 0} \int_0^{0.3\pi} \sum_{n=0}^{\infty} \frac{(4t^2 + 8\cos t - 8) \cdot 0.992^n}{\cos^2\left(\frac{5x}{6}\right) \cdot t^4}\,dx$$

$$= \lim_{t \to 0} \frac{4t^2 + 8\cos t - 8}{t^4} \cdot 150. \tag{15.3}$$

15.3   Der Grenzwert

Letzte Hürde: Wir müssen den Limes besteigen. Wir schauen auf:

$$\lim_{t \to 0} \frac{4t^2 + 8\cos t - 8}{t^4}.$$

Für $t \to 0$ geht der Nenner gegen 0, also der ganze Term rauscht nach unendlich. Aber halt, nicht so schnell. Da ist noch der cos. Hier müssen wir ziemlich tief in die Erinnerungskiste greifen. Der cos ließ sich so als halbe Portion der Exponentialfunktion in eine unendliche Reihe entwickeln:

$$\cos t = 1 - \frac{t^2}{2!} + \frac{t^4}{4!} - \frac{t^6}{6!} \pm \cdots \qquad \text{falls } |t| < \infty.$$

Das ist nun gerade so hinterhältig eingerichtet, dass sich Terme wunderbar gegenseitig aufheben:

$$\frac{4t^2 + 8\cos t - 8}{t^4} = \frac{4t^2 + 8 \cdot (1 - \frac{t^2}{2!} + \frac{t^4}{4!} - \frac{t^6}{6!}) - 8}{t^4} = \frac{\frac{t^4}{3} - \frac{t^6}{90} \pm \cdots}{t^4}.$$

Jetzt den Limes angewendet und wir sehen, dass der erste Term zu $\frac{1}{3}$ wird, alles weitere fällt weg, da ja $t \to 0$ geht.

Was bleibt übrig vom Geburtstag?

$$\lim_{t \to 0} \int_0^{0.3\pi} \sum_{n=0}^{\infty} \frac{(4t^2 + 8\cos t - 8) \cdot 0.992^n}{\cos^2\left(\frac{5x}{6}\right) \cdot t^4} \, dx$$

$$= \lim_{t \to 0} \frac{4t^2 + 8\cos t - 8}{t^4} \cdot 150$$

$$= \frac{150}{3}$$

$$= 50$$

Unser Freund hat uns also zur 50. Wiederkehr seines Geburtstages eingeladen. Diese Mathematiker!

Kapitel 16

Der Öltank
des Ministerpräsidenten

16.1 Wie viel Öl ist noch in meinem Tank?

Kurz vor einem Auftritt im Fernsehen überfiel mich der im Studio ebenfalls anwesende Ministerpräsident eines großen Bundeslandes mit der Frage:

> *Ich habe zu Hause einen großen Zylinder als Öltank, der waagerecht im Boden liegt. Ich kann von oben hineinschauen und mit einem Stab messen, wie hoch das Öl im Tank steht. Aber wie kann ich daraus berechnen, wie viele Liter noch zum Heizen zur Verfügung stehen?*

So etwas reizt natürlich besonders. Also machen wir uns ans Werk. Zunächst eine Skizze, um uns zu orientieren und gegenseitig zu verständigen:

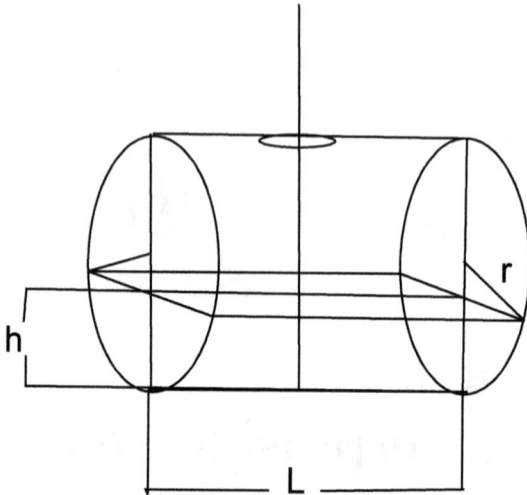

Abbildung 16.1: Skizze des Öltanks. Die augenblickliche Füllhöhe nennen wir h, der Radius des Grundkreises sei r, die Länge sei L.

Schauen wir uns unten das Schnittbild an.

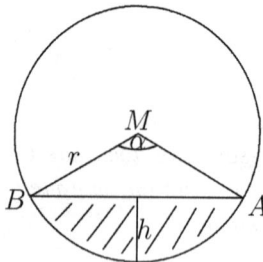

Abbildung 16.2: Schnittbild des Öltanks. Hier haben wir zusätzlich den Winkel α eingeführt.

16.2 Füllhöhe versus Winkel α

Betrachten wir das Teildreieck:

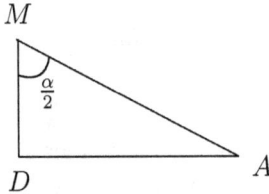

Abbildung 16.3: Teildreieck

Oben an der Spitze liegt der Winkel $\frac{\alpha}{2}$. Den führen wir als zusätzliche Größe ein, müssen uns natürlich überlegen, wie wir ihn wieder loswerden. Nach trigonometrischen Formeln gilt:

$$|MD| = r \cdot \cos \frac{\alpha}{2}.$$

Für die Füllhöhe erhalten wir daher als Differenz

$$h = r - r \cdot \cos \frac{\alpha}{2}.$$

Die Füllhöhe h können wir leicht mit einem Messstab messen. Also können wir aus dieser Formel den Winkel α ausrechnen:

$$\alpha = 2 \cdot \arccos \frac{r - h}{r}. \tag{16.1}$$

16.3 Füllvolumen versus Winkel α

Der Zwischenschritt mit dem Winkel α wird sich als sehr hilfreich erweisen; denn jetzt können wir das Füllvolumen in Abhängigkeit von diesem

Winkel berechnen. Dann müssen wir nur das Ergebnis aus (16.1) einsetzen und haben die Lösung.

Prinzipiell gilt für das Volumen eines Zylinders:

Satz 16.1 *Das Volumen eines Zylinders ist die Grundfläche multipliziert mit der Höhe.*

Da geht man davon aus, dass der Zylinder senkrecht steht. Dann macht das Wort „Höhe" Sinn. Unser Tank liegt waagerecht. Wir haben von seiner Länge L gesprochen. Das ist also hier seine Höhe.

Die Grundfläche ist dann natürlich der oben in Abbildung 16.2 gezeichnete Kreis.

Wir wollen hier nur den Teil des Tanks berechnen, der das Öl enthält, also den Teil des Kreiszylinders über dem schraffierten Gebiet. Wenn wir den in unserer Abbildung 16.2 scharf anschauen, sehen wir, dass wir so einen Teil früher in der Schule als Kreisabschnitt bezeichnet haben. Es ist etwas weniger als ein Kreisausschnitt, also ein Tortenstück. Dem Kreisabschnitt fehlt ein Dreieck.

Genau so werden wir jetzt die Fläche dieses Abschnittes berechnen:

Fläche des Abschnittes = Fläche des Ausschnittes – Fläche des Dreiecks.

Zum Kreisausschnitt   Wir zitieren folgenden leicht einzusehenden Satz aus der elementaren Geometrie:

Satz 16.2 *Hat ein Kreisausschnitt im Mittelpunkt den Winkel α, so ist sein Flächeninhalt*

$$F_{Ausschnitt} = \pi \cdot r^2 \cdot \frac{\alpha}{2 \cdot \pi} = \frac{r^2 \cdot \alpha}{2} \qquad (16.2)$$

Das aufgesetzte Dreieck haben wir oben in der Abbildung 16.3 schon halbiert dargestellt. Dadurch zerfällt das aufgesetzte Dreieck in zwei rechtwinklige Dreiecke. Möchte man deren Flächeninhalt ausrechnen, so setzt man sie einfach zu einem Rechteck zusammen. Dann erhält man die Formel:

Satz 16.3 *Ein rechtwinkliges Dreieck mit den beiden Katheten a und b hat den Flächeninhalt*

$$F = \frac{a \cdot b}{2}. \tag{16.3}$$

Unser geteiltes Dreieck hat oben an der Spitze den Winkel $\frac{\alpha}{2}$. Damit ist sein Flächeninhalt:

$$F_{Dreieck} = r \cdot \sin\frac{\alpha}{2} \cdot \cos\frac{\alpha}{2}. \tag{16.4}$$

Jetzt tricksen wir ein wenig mit den sogenannten Additionstheoremen herum. Immer wieder sind Anfänger in der Mathematik verblüfft, dass manche Formeln nicht so einfach sind, wie man es sich vorstellt. Man möchte doch vermuten, dass der Sinus eine liebe Funktion ist mit

$$\sin(\alpha + \beta) = \sin\alpha + \sin\beta.$$

Eine Funktion, die solch einem Gesetz gehorcht, nennen wir linear. Das ist anschaulich eine Gerade durch den Nullpunkt. Der Sinus ist aber keine Gerade durch den Nullpunkt und folglich auch nicht linear. Schon ein einfaches Beispiel zeigt, dass da der Wurm drin steckt. Wir wissen doch, dass $\sin 90° = 1$ ist und $\sin 180° = 0$. Also ist

$$0 = \sin 180° = \sin(90° + 90°) \neq \sin 90° + \sin 90° = 1 + 1 = 2.$$

Das richtige Gesetz lernt man in der Schule als

Satz 16.4 (Additionstheorem)

$$\sin(\alpha + \beta) = \sin\alpha \cdot \cos\beta + \cos\alpha \cdot \sin\beta. \tag{16.5}$$

Wenn wir in diesem Gesetz jetzt $\alpha = \beta$ setzen, erhalten wir

$$\sin 2 \cdot \beta = 2 \cdot \sin \beta \cdot \cos \beta.$$

Hier steht rechts ein einfaches Produkt von Sinus und Cosinus, so wie wir es in (16.4) suchen. Mit $\beta = \frac{\alpha}{2}$ erhalten wir aus (16.4):

$$F_{Dreieck} = r \cdot \sin \frac{\alpha}{2} \cdot \cos \frac{\alpha}{2} = r^2 \cdot \frac{\sin \alpha}{2}. \qquad (16.6)$$

Das sieht doch schon ganz manierlich aus. Jetzt multiplizieren wir nur noch mit der Länge L des Tanks und erhalten das gesuchte Volumen:

$$
\begin{aligned}
V_{Oel} &= V_{Ausschnitt} - V_{Dreieck} \\
&= \frac{r^2 \cdot \alpha}{2} \cdot L - r^2 \frac{\sin \alpha}{2} \cdot L \\
&= \frac{r^2}{2} \cdot (\alpha - \sin \alpha) \cdot L \qquad (16.7)
\end{aligned}
$$

Eselsbrücke Additionstheorem

Ich habe Zeit meines Lebens Schwierigkeiten gehabt, mir diese Additionstheoreme zu merken. Dabei ist der Sinus ja noch einfach, aber wo steht das Minuszeichen beim Cosinus?

Da gibt es einen einfachen Trick. Wir nehmen das Theorem für den Sinus:

$$\sin(\alpha + \beta) = \sin \alpha \cdot \cos \beta + \cos \alpha \cdot \sin \beta.$$

Dann denken wir uns, β sei konstant, und leiten die Formel nach α ab. Das gibt

$$\cos(\alpha + \beta) = \cos \alpha \cdot \cos \beta - \sin \alpha \cdot \sin \beta.$$

Ist das nicht einfach? Mit dieser Eselsbrücke müssen Sie sich also nur das Additionstheorem für den Sinus merken. Das ist doch die halbe Miete.

16.4   Füllvolumen versus Füllhöhe

In der Formel (16.7) steckt hier noch der unbekannte Winkel α drin. Den können wir jetzt durch Formel (16.1) ersetzen und erhalten die Endformel für unseren Tank:

$$V_{Tank} = \frac{r^2}{2} \cdot (\alpha - \sin \alpha) \cdot L$$

$$= \frac{r^2 \cdot L}{2} \left(2\arccos\frac{r-h}{r} - \sin(2 \cdot \arccos\frac{r-h}{r}) \right)$$

$$= r^2 \cdot L \left(\arccos\frac{r-h}{r} - \frac{\sin(2 \cdot \arccos\frac{r-h}{r})}{2} \right) \qquad (16.8)$$

Mit dieser zugegebenermaßen kompliziert aussehenden Formel können wir jetzt für jeden zylindrischen Tank der Länge L und dem Radius r das Füllvolumen in Abhängigkeit von der Füllhöhe h ausrechnen.

Beispiel 16.1 *Dem Herrn Ministerpräsidenten sein Tank (niedersächsischer Genitiv!) war 5 m lang, also $L = 5$. Er hatte einen Durchmesser von $r = 1.80$ m. Wir können ihm jetzt helfen, wenn er auf seinem Tank rumturnt und den Messstab hineinversenkt. Dazu haben wir, damit wir nicht rechnen müssen und uns dabei vielleicht noch verrechnen, ein kleines Computerprogramm mit der Formel zusammengestellt. Das Ergebnis zeigen wir in 10-cm-Schritten in folgender Tabelle:*

Messhöhe in m	V_{Oel} in ℓ
1.8	12 723.5
1.7	12 445.4
1.6	11 950.7
1.5	11 329.6
1.4	10 618.1
1.3	9 839.4
1.2	9 010.9
1.1	8 146.8
1.0	7 259.9
0.9	6 361.7
0.8	5 463.6
0.7	4 576.7
0.6	3 712.6
0.5	2 884.0
0.4	2 105.3
0.3	1 393.9
0.2	772.8
0.1	278.1
0.0	0

Kapitel 17

Mathematische Modellbildung

17.1 Was heißt Modellbildung?

Das folgende Bild hing auf einer Toilette in Carcross, Alaska. Begeistert fragte ich nach einer Kopie, die man mir sofort herstellte. Ist es nicht phantastisch, ein typisches Beispiel für mathematische Modellbildung!

Die Mithilfe der Urinierenden ist dabei mit x bezeichnet, die Sauberkeit mit y. a ist eine Konstante, die durch die tägliche Reinigung des Personals gegeben ist. B_p ist die berühmte Konstante des Nobelpreisgewinners Prof. Dr. Dr. h. c. John Blip. Sie werden ihn vergeblich bei Wikipedia suchen.

Wenn wir annehmen, dass diese Konstante positiv ist, so wird also die Toilette nach jeder Benutzung sauberer, wenn jeder einzelne sein eigenes positives Scherflein beiträgt. Haben Sie nicht auch das Gefühl, dass diese Konstante wohl doch negativ ist?

The Blip Principle and Formula
"A bathroom's cleanliness is
directly proportional to a
fellow's aim".

Formula: $y = B_p x + a$

Daily
cleaning
fellow's aim

Nobel prize winner
'Blip' constant

cleanliness

Aus Carcross, Alaska, Aug. 98

Abbildung 17.1: „Die Sauberkeit einer Toilette ist direkt proportional zur Mithilfe des Benutzers."

An diesem beeindruckenden Beispiel erkennen wir schon ziemlich klar, was sich hinter dem Begriff „Mathematische Modellbildung" verbirgt.

Mathematische Modellbildung

Ein Sachverhalt des täglichen Lebens wird „mathematisiert".
Dadurch kann man hoffen, aus der Vergangenheit Aussagen
für die Zukunft gewinnen zu können.

17.2   Der Modellbildungskreis

Die Probleme, die bei einer solchen Modellbildung auftreten, stellen wir zeichnerisch in einem Kreis dar:

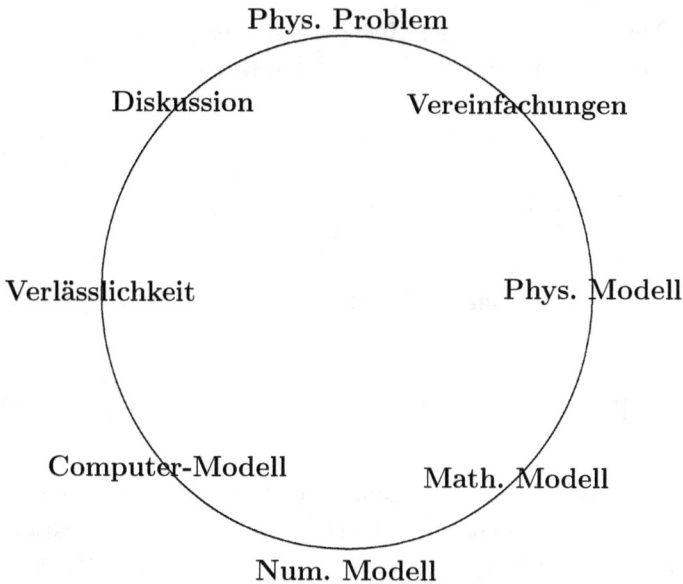

Abbildung 17.2: Der mathematische Modellbildungskreis

Physikalisches Problem

Am Anfang steht ein Naturphänomen oder eine Fragestellung, die sich aus der physikalischen Betrachtung ergibt. Diese Fragen sind häufig sehr allgemein (Warum ist der Himmel blau?) oder technisch (Wie funktioniert eigentlich GPS?) oder auch scherzhaft (Wie wird das Klo sauber?).

Vereinfachungen und Bezeichnungen

Ein sehr wichtiger Punkt besteht darin zu erkennen, dass die wahre Natur häufig viel zu kompliziert ist, um sie in mathematischen Formeln zu

fassen. Man braucht in aller Regel starke Vereinfachungen. Denken Sie
nur an ein komplexes Bauwerk, z. B. eine Brücke. Um ihre Eigenschwin-
gungen zu berechnen, muss man viele Punkte sehr einfach darstellen. In
vereinfachter Form sehen Sie das an dem Beispiel des Öltanks (S. 177ff.),
den wir uns als Zylinder vorstellen. In Wahrheit sieht der sehr kompliziert
aus. Aber das können wir nicht in Formeln fassen.

Zusätzlich führen wir an dieser Stelle Bezeichnungen ein, um uns kurz
und knapp verständigen zu können.

Physikalisches Modell

Mit diesen Vereinfachungen kann es uns gelingen, zu einem Physikalischen Modell zu kommen. Dabei werden wir oft auch auf ein zweidimen-
sionales Modell zurückgreifen können, wenn wir Symmetrie vorfinden.

Mathematisches Modell

Dieses Physikalische Modell führt uns dann über physikalische Gesetz-
mäßigkeiten zu mathematischen Formeln. Das nennen wir dann das Mathematische Modell.

Numerisches Modell

Häufig sind die so entstehenden Mathematischen Modelle so komplex,
dass kein Mensch in der Lage ist, hier eine Lösung anzugeben. Es gibt ja
schon einfachste Gleichungen, für die wir keine exakte Lösung angeben
können. Denken Sie an

$$\alpha - \sin \alpha = \pi/3.$$

Wir sind nicht in der Lage, diese Gleichung nach α aufzulösen. Hier hilft uns dann die numerische Mathematik, die für viele Fälle ausgezeichnete Hilfsmittel zur Verfügung stellt, um wenigstens eine Näherungslösung zu finden. In der Schule haben wir das Newton-Verfahren zur angenäherten Lösung solcher Gleichungen kennengelernt. In der Universität sind zum Beispiel zur Lösung von Anfangs-Randwert-Aufgaben mit partiellen Differentialgleichungen in den vergangenen 50 Jahren die „Finiten Elemente" oder in den letzten 20 Jahren die „Randelemente" entwickelt worden, sowohl von Mathematikern wie von Ingenieuren in guter Kooperation.

Computer-Modell

Heutzutage lassen sich diese gewaltigen Ingenieuraufgaben wie Kühltürme oder meteorologische Probleme wie Klimamodelle nicht mehr ohne Computer lösen. Dazu braucht man spezielle Darstellungen in Programmen, das sind dann unsere Computer-Modelle.

Verlässlichkeit

Diese Teilaufgabe der Modellbildung zielt auf das Herz der Mathematik. Nach den vielen Vereinfachungen und Näherungen fragt man sich doch, ob das Ergebnis irgendwie verlässlich ist. Hier sind im 20. Jahrhundert erstaunliche Ergebnisse erzielt worden. Tatsächlich können wir den Abstand einer Näherungslösung von der wahren Lösung abschätzen, ohne die wahre Lösung zu kennen. Das hört sich danach an, etwas über eine schwarze Katze in einem stockdunklen Raum auszusagen, die gar nicht im Raum drin ist.

Der Trick ist aber ein anderer. Viele Methoden laufen darauf hinaus, dass wir eine Größe, z.B. den Durchmesser der kleinen finiten Elemente, immer kleiner machen, um dadurch eine hoffentlich bessere Näherung zu erhalten. Nennen wir den Durchmesser h, so können wir zum Beispiel über den Abstand der Näherungslösung u_h von der wahren Lösung u Folgendes aussagen:

$$\|u - u_h\| \leq C \cdot h \cdot \|u\|.$$

Hier ist C eine positive Konstante, die wir nicht kennen. Sie werden einwenden: Aber auf der rechten Seite steht doch noch die unbekannte Lösung u. Was soll denn das dann? Oh, wir können aber zeigen, dass dieses u zwar unbekannt ist, aber wir brauchen doch nur seine Norm $\|u\|$. Das ist lediglich eine Zahl. Die müssen wir auch nicht genau kennen, wir müssen nur zeigen, dass es für das jeweilige Problem eine feste unverrückbare Zahl ist. Und das können wir. Zusammen mit dem C bekommen wir halt eine Konstante. Dann sehen wir an der Abschätzung, dass unser Verfahren eine immer bessere Näherung liefert, wenn wir nur h klein werden lassen.

Wenn wir jetzt ein anderes Verfahren anwenden, für das wir vielleicht beweisen können:

$$\|u - u_h\| \leq C \cdot h^2 \cdot \|u\|,$$

so ist das natürlich wegen des Quadrates viel besser. Wenn wir in unserem Verfahren die Größe h halbieren, so wird unser Fehler auf ein Viertel schrumpfen. Wenn wir $h/10$ verwenden, so wird unser Fehler auf ein Hundertstel schrumpfen. Das ist doch gewaltig. So etwas können wir zeigen, ohne die wahre Lösung zu kennen. Das grenzt doch fast an Zauberei, ist aber nur zugegeben ziemlich komplizierte Mathematik.

Als weiteren Vorteil ergibt sich daraus eine Vergleichsmöglichkeit verschiedener Verfahren. Können wir in der Mathematik zeigen, dass ein Verfahren mit h^3 konvergiert, so kann der Anwender entscheiden, ob er dieses Verfahren nehmen will. Vielleicht wird der Aufwand zur Berechnung ja sehr groß, während ein anderes Verfahren ganz leicht programmiert werden kann.

Mathematiker analysieren also die Verfahren und helfen bei der Auswahl.

Diskussion und Ergebnis

Das wiederum ist ein Punkt für den Anwender in Kontakt mit dem Mathematiker. Beide zusammen werden aus den Ergebnissen weitere Schlüsse ziehen.

Zurück zum Physikalischen Problem

Am Schluss müssen wir dann noch entscheiden, ob unsere Näherungslösung mit der erhofften oder vermuteten Lösung in Einklang zu bringen ist. Oder haben wir vielleicht ins Blaue gerechnet?

Nachwort

Liebe Leserin, lieber Leser,

bitte erlauben Sie mir ein kurzes Nachwort. Den Titel dieses Buches habe ich nicht willkürlich gewählt. Auch soll es keine Reminiszenz an mein so erfolgreiches Buch „Mathematik ist überall" sein. Jedes Werk muss für sich bestehen.

Nein, nein, so ist es nicht. Tatsächlich begegnet Ihnen, wenn Sie aufmerksam beobachten, Mathematik wirklich überall.

Ich möchte nur einige wenige Beispiele nennen, die sich aber beliebig fortsetzen lassen.

1. In den achtziger Jahren haben Studierende in einer Sommerschule in Kaiserslautern berechnet, wie man optimal eine Windel fabriziert. Dabei wurden auch Besonderheiten bei Mädchen und Jungen berücksichtigt.

2. Vor zwanzig Jahren haben wir alle im Verkehrschaos gesteckt. Jede Heimfahrt nach der Arbeit wurde zum unkalkulierbaren Risiko. Wie lange werde ich heute benötigen? „Liebling, ich stecke hier im Stau!" hätte man Tausende fluchen hören, wenn es damals schon Handys gegeben hätte. Heute hat sich die Anzahl der zugelassenen

PKWs mehr als verdoppelt, aber Stau gibt es viel seltener. Das liegt an hervorragenden Computerprogrammen, die von Mathematikern und Informatikern entwickelt wurden.

3. Viele Mathematikerinnen und Mathematiker arbeiten bei Banken. Dort haben sie aber nur wenig mit Hochschulmathematik zu tun. Sie werden benötigt wegen ihrer Logik und der Präzision ihres Denkens.

4. Ein Kollege hat sich mit dem Autolack befasst und da mit einer sehr komplizierten Methode die optimale Vorgehensweise entwickelt, solch einen Lack auf das Auto zu spritzen.

5. Der Autor hat vor etlichen Jahren mit Studierenden die Rauchgasentschwefelung in einem Kohlekraftwerk simuliert. Für einen einfachen Fall konnten wir eine optimale Befüllung mit porösen Pellets ausrechnen.

6. Keine Versicherung kann heute ihre Prognosen ohne mathematischen Background erstellen. Übrigens rechnen Lebensversicherungen heute bereits für ein neu geborenes Mädchen mit einer mittleren Lebenserwartung von 100 Jahren.

Das sind wirklich nur einige wenige Beispiele. Ein Mathematiker bietet im Internet eine Wette an, dass er zu jedem Thema, das Sie ihm nennen, sofort eine Mathematikerin oder einen Mathematiker nennen kann, der an diesem Thema gearbeitet hat oder gerade arbeitet.

Literaturverzeichnis

[1] Behnke, H.; Tietz, H.: *Das Fischer Lexikon.*
Mathematik I, II, Fischer Bücherei KG, Frankfurt a. M.,
1966

[2] Embacher, F.: *Relativistische Korrekturen für GPS,*
Oktober 1998 (überarbeitet im Oktober 2006)

[3] Fischer, W.; Lieb, I.: *Funktionentheorie*
Vieweg Verlag, Braunschweig, 1980

[4] Gerlach, W.: *Das Fischer Lexikon. Physik,*
Fischer Bücherei KG, Frankfurt a. M., 1960

[5] Herrmann, Erich: *Private Mitteilung*

[6] Herrmann, N.: *Höhere Mathematik für Ingenieure, Bd. I
und II,* Aufgabensammlung,
Oldenbourg Verlag, München, 1995

[7] Herrmann, N.: *Höhere Mathematik für Ingenieure,
Physiker und Mathematiker,*
Oldenbourg Verlag, München, 2004

[8] Herrmann, N.: *Mathematik ist überall,* 3. Aufl.
Oldenbourg Verlag, München, 2007

[9] Herrmann, N.: *Können Hunde rechnen?*,
    Oldenbourg Verlag, München, 2007

[10] Vogel, H.; Gerthsen, Ch.: *Physik*,
     Springer-Verlag, Berlin, 1995

[11] Walker, J.: *Der fliegende Zirkus der Physik*,
     Oldenbourg Verlag, München, 2000

[12] Wille, F.: *Humor in der Mathematik*,
     Vandenhoek & Ruprecht, Göttingen, 1984

[13] Zimmer, E.: *Umsturz im Weltbild der Physik*,
     Deutscher Taschenbuch Verlag, München, 1961

Index

www.ingramcontent.com/pod-product-compliance
Lightning Source LLC
Chambersburg PA
CBHW061249220326
41599CB00028B/5583